Bibliografische Information der Deutschen Nationalbibliothek:

Die Deutsche Bibliothek verzeichnet diese Publikation in der Deutschen Nationalbibliografie; detaillierte bibliografische Daten sind im Internet über http://dnb.d-nb.de/ abrufbar.

Impressum:

Druck und Bindung: Books on Demand GmbH, Norderstedt Germany
ISBN: 9783668803046

Dieses Buch bei GRIN:

https://www.grin.com/document/441542

Lucas Porth

Aus der Reihe: e-fellows.net stipendiaten-wissen

e-fellows.net (Hrsg.)

Band 2836

Die Kerr-Metrik. Eine verständiche Analyse

GRIN Verlag

Die Kerr Metrik
Eine verständliche Analyse

Bachelorarbeit

an der

Ludwig - Maximilians - Universität

Eingereicht von

Lucas Porth

München, den 30.06.2014

Inhaltsverzeichnis

Notation

In der vorliegenden Arbeit werden durchgehend die folgenden Konventionen verwendet:

- Sofern nicht anders angegeben durchlaufen griechische Indices die Zahlen eins bis drei, lateinische Indices die Zahlen null bis drei.
- Es wird die Einstein'sche Summenkonvention verwendet: Sind ein ko- und ein kontravarianter Index identisch, so wird über ihn summiert, ohne dass das Summenzeichen explizit aufgeschrieben wird.
- Es werden die sogenannten geometrischen Einheiten verwendet, in welchen $c = G = 1$ gewählt wird. Als Konsequenz wird beispielsweise die Masse in einer Längeneinheit gemessen. Bei der finalen Form der Wegelemente werden die dimensionsbehafteten Konstanten explizit berücksichtigt.
- Minkowskimetrik: $\eta_{\mu\nu} \equiv diag(-1, 1, 1, 1)$
- Riemannscher Krümungstensor: $R^a{}_{bcd} \equiv \Gamma^a{}_{bd,c} - \Gamma^a{}_{bc,d} + \Gamma^a{}_{ec}\Gamma^e{}_{bd} - \Gamma^a{}_{ed}\Gamma^e{}_{bc}$
- Ricci Tensor: $R_{bd} \equiv +R^a{}_{bad}$

1 Vorwort

Hallo, $E = m \cdot^2$ Die Idee des Schwarzen Loches ist ein faszinierendes theoretisches Konstrukt, welches seit langer Zeit schon Physiker und Nichtphysiker interessiert. Die von Laplace und Michell schon gegen Ende des 18. Jahrhunderts aufgestellten Thesen zur Existenz von „Unsichtbaren Körpern" konnten Anfang des 20. Jahrhunderts mit Einsteins allgemeiner Relativitätstheorie und der daraus gewonnenen Schwarzschildlösung formalisiert werden. Einige Jahre später bewies Chandrasekhar, dass es eine obere Schranke für die Masse von Weißen Zwergen geben muss. Analog zum Falle eines Weißen Zwerges konnte auch eine obere Massengrenze für Neutronensterne berechnet werden. Überschreitet ein Stern diese kritische Masse, so gibt es keine Kraft, welche den Kollaps aufhalten kann. Damit wurde die theoretische Existenz eines Schwarzen Loches begründet. Im Laufe der Zeit sind die Mittel der experimentellen Überprüfung der Theorien immer weiter verbessert worden. Zum jetzigen Zeitpunkt gilt die Existenz von Schwarzen Löchern als sehr wahrscheinlich und somit stellen sie bis heute ein großes Forschungsgebiet in der theoretischen (Astro-)Physik dar. [SH87, CM09]

Im Rahmen der allgemeinen Relativitätstheorie können die mannigfaltigen Eigenschaften von Schwarzen Löchern mithilfe der Komponenten des metrischen Tensors berechnet werden. Im allgemeinen Fall werden vier verschiedene Arten von Schwarzen Löchern unterschieden: Ein Schwarzschild Loch ist ungeladen und rotiert nicht; ein Kerr Loch ist ebenfalls ungeladen, hat jedoch einen von Null verschiedenen Rotationsanteil. Analog werden für den geladenen Fall die Lösungen als Reißner - Nordstrøm - Lösung (keine Rotation) beziehungsweise Kerr - Newman - Lösung (mit Rotation) bezeichnet. Jede dieser beiden Eigenschaften, Rotation und Ladung, geht durch einen neben der Masse freien Parameter in den metrischen Tensor ein.

In der vorliegenden Arbeit werden die Eigenschaften von nicht geladenen Schwarzen Löchern auf einer theoretischen Basis hergeleitet und kurz diskutiert.

Bevor dies geschehen kann werden zunächst einige für das Studium von Schwarzen Löchern relevante Begriffe aus der Differentialgeometrie eingeführt. Danach soll der mathematische Apparat verwendet werden, um einige wichtige Methoden für physikalische Untersuchungen von Schwarzen Löchern formulieren zu können. Diese Methoden werden zunächst recht knapp vorgestellt; in der späteren Anwendung wird ihnen eine anschauliche physikalische Interpretation gegeben.

Im Anschluss an die einleitenden Kapitel wird als Vorbereitung auf die Kerr - Metrik die Schwarzschildmetrik hergeleitet. Dabei wird darauf geachtet, dass das gesamte Vorgehen ausführlich begründet wird. Nach dem so erhaltenen Schwarzschild'schen Wegelement wird dieses untersucht, um sich ein Bild von der Struktur eines nichtrotierenden Schwarzen Loches zu machen. Weiterhin wird die Bedeutung von verschiedenen Koordinaten diskutiert und abschließend ein Raumzeit - Diagramm gezeichnet.

Im fünften Kapitel beginnt die Untersuchung der Raumzeit um ein rotierendes Schwarzes Loch. Es wird zunächst versucht das Linienelement auf dem Weg zu erlangen, der schon bei der Herleitung des Schwarzschild'schen Wegelementes verwendet wurde. Durch explizite Rechnungen wird plausibel gemacht, dass es mit diesem Vorgehen praktisch unmöglich ist, die Kerr - Metrik zu erhalten. Im folgenden Unterabschnitt soll nach einem kurzen formalen

Einschub der sogenannte Newman - Janis - Trick verwendet werden, mit welchem die Kerr - Metrik recht schnell aus der Schwarzschildmetrik gewonnen werden kann.
Im letzten Kapitel wird die Kerr - Metrik analog zur Schwarzschildmetrik untersucht. Dabei wird auffallen, dass die Struktur eines Kerr - Loches weitaus komplizierter als die eines Schwarzschild - Loches ist. Zum Abschluss soll die für die beobachtende Astrophysik relevante Strahlung eines Kerr - Loches qualitativ betrachtet werden.

2 Begriffe der Differentialgeometrie

Im Folgenden sollen die für die vorliegende Arbeit essentiellen differentialgeometrischen Begriffe knapp eingeführt werden. Dieser Abschnitt beinhaltet bei weitem nicht die nötige Tiefe und die mathematische Rigorosität um ein ausreichendes Verständnis des mathematischen Rüstzeugs für die Relativitätstheorie zu erlangen; er soll lediglich als knappe Wiederholung und Referenz für die folgenden Kapitel dienen [D'I92, HEL06, Sch09].

Pseudo - Riemannsche Mannigfaltigkeiten

Eine Mannigfaltigkeit $\mathcal{M}$ ist eine kontinuierlich parametrisierbare Menge, welche lokal wie der $\mathbb{R}^n$ ausschaut, deren Topologie sich jedoch stark von jenem unterscheiden kann. Die Anzahl der voneinander unabhängigen Parameter (Koordinaten) ist die Dimension von $\mathcal{M}$.
Eine differenzierbare Mannigfaltigkeit hat noch zusätzliche Eingenschaften: Sie ist kontinuierlich in dem Sinne, dass es in der Umgebung eines jeden Punktes P in $\mathcal{M}$ andere Punkte gibt, deren Koordinaten sich nur infinitesimal von denen von P unterscheiden. Weiterhin ist es möglich an jedem Punkt ein global differenzierbares skalares Feld zu definieren.
Eine pseudoriemannsche Mannigfaltigkeit[1] besitzt noch zusätzlich einen Abstandsbegriff der Form $ds^2 = g_{ab}dx^a dx^b$, wobei g_{ab} als der metrische Tensor bezeichnet wird.

Koordinaten

Eine Mannigfaltigkeit $\mathcal{M}$ benötigt einen Satz von n Koordinaten x^a um jeden Punkt in $\mathcal{M}$ eindeutig zu bestimmen. Eine Mannigfaltigkeit kann im Allgemeinen nicht durch ein einziges nicht entartetes Koordinatensystem beschrieben werden, sondern nur durch eine Menge von einander schneidenden Koordinatenumgebungen (Atlas). Jede Koordinatenumgebung überdeckt einen Teilbereich von $\mathcal{M}$, die Vereinigung aller Koordinatenumgebungen überdeckt ganz $\mathcal{M}$. Beispielsweise ist die 2-Sphäre - durch θ und ϕ parametrisiert - an den Polen singulär, da dort der Wert von ϕ nicht eindeutig bestimmbar ist.

Flächen

Sei $\mathcal{M}$ ein N-dimensionale Mannigfaltigkeit und $u^i : i \in \{1, ..., m\}$ ein Parameter.
Dann wird eine m-dimensionale *Fläche* $\mathcal{M}' \subset \mathcal{M}$ definiert durch

$$x^a = x^a(u^1, ..., u^m) : a \in \{1, ..., N\}, m < N \tag{2.1}$$

Umgekehrt erfüllt $P \in \mathcal{M}'$ folgende Bindungsgleichungen:

$$f_k(x^1, ..., x^N) = 0 : k \in \{1, ..., N - m\} \tag{2.2}$$

Der Zahlenwert von m kann als die Anzahl der Freiheitsgrade interpretiert werden. Ist $m = 1$, so handelt es sich bei (2.1) um eine Kurve.

[1] Im Folgenden soll jede Mannigfaltigkeit pseudo - Riemannsch sein, weshalb das „pseudo - Riemannsch" weggelassen wird

Koordinatentransformationen

Wie oben gesehen wird eine Mannigfaltigkeit durch einen Atlas überdeckt. Die Lage und Eigenschaften von geometrischen Objekten sind natürlich unabhängig vom verwendeten Koordinatensystem, weshalb es sinnvoll ist eine passive Koordinatentransformation[2] durchzuführen:

$$x'^a = x'^a(x^1, ..., x^N) : a \in \{1, ..., N\}$$

Das totale Differential im gestrichenen Koordinatensystem lautet dann

$$dx'^a = \frac{\partial x'^a}{\partial x^b} dx^b \tag{2.3}$$

Tensoren

Ein $\binom{M}{N}$ - Tensor ist eine lineare Abbildung von M 1 - Formen und N Vektoren in die reellen Zahlen, welche sich unter einer Koordinatentransformation wie folgt transformiert:

$$T^{a'_1,...,a'_M}{}_{b'_1,...,b'_N} = \frac{\partial x^{a'_1}}{\partial x^{c_1}} \cdots \frac{\partial x^{a'_M}}{\partial x^{c_M}} \cdot \frac{\partial x^{d_1}}{\partial x^{b'_1}} \cdots \frac{\partial x^{d_N}}{\partial x^{b'_N}} \cdot T^{c_1,...,c_M}{}_{d_1,...,d_N} \tag{2.4}$$

$M + N$ beizeichnet die Stufe von T; M bzw. N dessen ko-/ bzw. kontravariante Ordnung. Der Vorteil von Tensoren ist, dass diese *per Konstruktion* koordinatenunabhängig sind. Falls also eine tensorielle Gleichung in einem Koordinatensystem gilt, so gilt sie in allen Koordinatensystemen.
Meist wird in der Relativitätstheorie mit *Tensorfeldern* gearbeitet. Diese definieren in $U \subseteq \mathcal{M}$ eine Zuordnung eines Tensors gleichen Ranges für jeden Punkt in U. Im Folgenden wird lediglich der Begriff Tensor verwendet.

Operationen mit Tensoren

Es werden die elementaren Operationen auf Tensoren schematisch dargestellt:

1. Addition: $\binom{M}{N} \pm \binom{M'}{N'} \rightarrow \begin{cases} \binom{M}{N}, & \text{falls } M = M' \wedge N = N' \\ n.d., & \text{sonst} \end{cases}$

2. Multiplikation: $\binom{M}{N} \times \binom{M'}{N'} \rightarrow \binom{M+M'}{N+N'}$

3. Verjüngung: $\delta^a_b \binom{M}{N} \rightarrow \binom{M-1}{N-1}$, wenn a in den kontravatianten Komponenten vorkommt.

Der metrische Tensor

Der metrische Tensor ist *definiert* als ein symmetrischer $\binom{0}{2}$ - Tensor. Mit ihm lässt sich die Länge eines Vektors bestimmen:

$$V^2 = g_{ab} V^a V^b \tag{2.5}$$

[2] In dieser werden einem Punkt in $\mathcal{M}$ neue gestrichene Koordinaten zugewiesen.

Die Inverse der Metrik existiert, falls $det(g_{ab}) \neq 0$ und ist definiert durch

$$g_{ab}g^{bc} = \delta_a^c \tag{2.6}$$

Weiterhin kann man mit Hilfe der Metrik Tensorindizes heben und senken:

$$T^{a_1,\ldots,a_M}{}_{b_1,\ldots,b_k,\ldots,b_N} = g_{b_k a_l} T^{a_1,\ldots,a_l,\ldots,a_M}{}_{b_1,\ldots,b_N} \tag{2.7}$$

Die kovariante Ableitung

Da eine Mannigfaltigkeit aus mehreren Koordinatenumgebungen besteht, kann der Charakter der partiellen Ableitung nicht tensoriell sein. Es soll ein koordinatenunabhängiger Ableitungsoperator eingeführt werden. Dieser ist die sogenannte *kovariante Ableitung*:

$$\nabla_b T^c{}_d = \partial_b T^c{}_d + T^a{}_d \Gamma^c{}_{ab} - T^c{}_a \Gamma^a{}_{db} \tag{2.8}$$

Hierbei bezeichnet $\Gamma^a{}_{bc}$ den sogenannten metrischen Zusammenhang (oder auch *Christoffelsymbol*), welcher die Transformation zwischen den verschiedenen Koordinatenumgebungen beschreibt[3]:

$$\Gamma^a{}_{bc} = \frac{1}{2} g^{da} \left(g_{db,c} + g_{dc,b} - g_{bc,d} \right) \tag{2.9}$$

Die Gleichung (2.8) kann leicht verallgemeinert werden: jeder ko -/kontravariante Index wird in derselben Form wie der hintere/mittlere Summand in (2.8) ausgedrückt.

Der Riemannsche Krümmungstensor

Die anschauliche Bedeutung des Riemannschen Krümmungstensors ist leicht einsehbar: Betrachte man ein Vektorfeld identischer Richtung auf einer Ebene. Legt man diese zu einem Zylinder zusammen, erkennt man, dass ein Vektorrepräsentant während eines Umlaufs rotiert. Je nach Öffnungswinkel ist diese Rotation unterschiedlich groß. Diese Interpretation von der intrinsischen Krümmung einer Mannigfaltigkeit kann mit dem *Riemannschen Krümmungstensor* $R^a{}_{bcd}$ formal definiert werden:

$$R^a{}_{bcd} \equiv \Gamma^a{}_{bd,c} - \Gamma^a{}_{bc,d} + \Gamma^a{}_{ec}\Gamma^e{}_{bd} - \Gamma^a{}_{ed}\Gamma^e{}_{bc} \tag{2.10}$$

Das Verschwinden von $R^a{}_{bcd}$ bedeutet, dass $\mathcal{M}$ eine flache Mannigfaltigkeit ist. Die Verjüngung des Krümmungstensors wird als *Ricci - Tensor* R_{ab} bezeichnet:

$$R_{ab} := R^c{}_{acb} \tag{2.11}$$

Er ist nach der Symmetrieeigenschaft der Christoffelsymbole symmetrisch.
Der *Ricci - Skalar* R ist definiert als

$$R := g^{ab} R_{ab} \tag{2.12}$$

[3] Um die Notation mögichst einfach zu halten gelte $\partial_r T := T, r$

3 Der Zusammenhang zwischen Riemannscher Geometrie und Allgemeiner Relativitätstheorie

3.1 Das Äquivalenzprinzip

Das Äquivalenzprinzip basiert auf der Äquivalenz der trägen und schweren Masse ([D'I92, S. 183ff]). Diese impliziert, dass ein Beobachter in einem Gravitationsfeld die gleiche Beschleunigung erfährt, wie ein Beobachter in einem konstant beschleunigenden System, auf welches keine externen Kräfte wirken. Das Äqivalenzprinzip sagt dann aus, dass kein Beobachter, auf welchen keine Kraft wirken möge, experimentell überprüfen kann, ob er sich in einem feldfreien Raum, oder aber im freien Fall in einem Gravitationsfeld befindet.
Betrachte man nun einen im Gravitationsfeld frei fallenden Fahrstuhl, durch welchen sich ein Lichtstrahl bewege. Der Lichtstrahl muss den Fahrstuhl gerade durchlaufen, da für einen Beobachter im Fahrstuhl die physikalischen Gesetze des kräftefreien Raumes gelten müssen. Für einen Beobachter auf der Erdoberfläche erscheint dann der Lichtstrahl gekrümmt.
Mit der Kenntnis des Fermat'schen Prinzips[4] folgt dann, dass die Masse der Erde die Raumzeit krümmen muss, da nur in einer flachen Raumzeit die kürzesten Pfade gerade sein können.

Das Äquivalenzprinzip führt zu dem Kerngedanken der Allgemeinen Relativitätstheorie:

Die Gravitationskraft ist ein Beleg für die Krümmung der Raumzeit. Die Materieverteilung bestimmt die Komponenten des metrischen Tensors, durch welchen die Krümmung formal berechnet werden kann.

Weiterhin kann man mit diesem Gedankenexperiment die Brücke zwischen der Mathematik und Physik schlagen und die Gesetze der Differentialgeometrie der Formulierung der allgemeinen Relativitätstheorie zugrunde legen. Im Folgenden werden die für diese Arbeit relevanten Gleichungen eingeführt und physikalisch plausibel gemacht.

3.2 Formalisierung des Raumzeitbegriffs

Definition 1 (Raumzeit und Ereignis)
Die *Raumzeit* der allgemeinen Relativitätstheorie ist eine vierdimensionale Mannigfaltigkeit $\mathcal{M}$ mit einer global definierten Metrik g_{ab}. Ein Punkt $p \in \mathcal{M}$ wird als ein *Ereignis* bezeichnet.

Satz
Sei $p \in \mathcal{M}$. Dann existiert in einer Umgebung von p ein Koordinatensystem[5] $\{x^c\}$ mit

$$g_{ab}(x^c) = \eta_{ab} + \mathcal{O}(x^c)^2$$

Dieses Koordinatensystem wird als *lokales Inertialsystem* bezeichnet.

Beweis: vgl. z.B. [Sch09, S. 149f] .

[4] Das Fermat'sche Prinzip besagt, dass sich Lichtstrahlen auf dem kürzest möglichen Weg (genauer: zeitartigen Geodäten) bewegen

[5] Dieses wird meist als Normalkoordinatensystem bezeichnet

Dieser Satz hat zur Folge, dass man an jedem Punkt der Raumzeit lokal einen Minkowskiraum konstruieren kann. In diesem gelten die einfacheren Gesetze der speziellen Relativitätstheorie. Sind diese in tensorieller Form formuliert, so gelten sie wegen der Koordinatenunabhängigkeit in jedem Koordinatensystem. Dieser Satz kann also viele Rechnungen enorm vereinfachen.

Definition 2 (Weltlinie, Vierergeschwindigkeit und Viererimpuls)
Eine *Weltlinie* ist eine Kurve $x^a(u)$, welche in $\mathcal{M}$ verläuft. Der Einheitstangentenvektor einer Weltlinie $x^a(\tau)$ wird als *Vierergeschwindigkeit* $\vec{u}$ bezeichnet und besitzt folgende Komponenten:

$$\vec{u} \mapsto (\gamma, \gamma\vec{v})$$

Der *Viererimpuls* $\vec{p}$ ist folgendermaßen definiert:

$$\vec{p} := M\vec{u} \mapsto (E, \vec{p})$$

Hierbei bezeichnet γ den Lorenzfaktor, $\vec{v}$ die normale Dreiergeschwindigkeit, M die Masse und E die Energie. Es sei bemerkt, dass diese Größen nur lokal auf $\mathcal{M}$ in einem geeigneten lokalen Inertialsystem definiert sind.

Die Feldgleichungen der allgemeinen Relativitätstheorie

Die Idee Einsteins, dass die Krümmung der Raumzeit mit der Masseverteilung zusammenhängt soll nun formalisiert werden. Es wird ein Satz von Gleichungen gesucht, der die Raumzeitkrümmung mit der Massenverteilung verknüpft.
Diese Gleichungen sind gegeben als:

$$R_{ab} - \frac{1}{2}Rg_{ab} = 8\pi T_{ab}$$

Wie erwartet steht auf der einen Seite der Ricci - Tensor, welcher die Krümmung der Raumzeit charakterisiert. Auf der anderen Seite findet sich der sogenannte Energie - Impuls - Tensor. Dieser ist die relativistische Verallgemeinerung der Energiedichte.
In dieser Arbeit werden lediglich die sogenannten Vakuumfeldgleichungen benötigt, welche die Raumzeit in Abwesenheit von Materie charakterisieren. Diese lauten dann

$$R_{ab} = 0 \tag{3.1}$$

Man beachte, dass das Verschwinden des Ricci - Tensors nicht bedeutet, dass die Raumzeit flach ist! Der Ricci - Tensor besitzt nämlich in vier Dimensionen gerade 10 unabhängige Komponenten, der Riemannsche Krümmungstensor jedoch 20. Dies hat zur Folge, dass in der vierdimensionalen Raumzeit auch ein Gravitationsfeld im leeren Raum existieren kann. [HEL06]

Die Geodätengleichung

Aus der klassischen Mechanik ist bekannt, dass jedes Objekt den kürzesten Weg zwischen zwei Punkten wählt. In der Diskussion des Äquivalenzprinzips wurde festgestellt, dass sich Licht (und somit auch massebehaftete Objekte) im allgemeinen nicht auf Geraden bewegen. Die Gleichung einer sogenannten metrischen Geodäten kann mit Hilfe der Variationsrechung hergeleitet werden [D'I92, S. 145ff]; das Resultat kann man folgendermaßen zusammenfassen: Sei die Metrik g_{ab} gegeben und u eine Parametrisierung einer Weltlinie. Nun definiere:

$$2K := g_{ab}\frac{d\dot{x}^a}{du}\frac{d\dot{x}^b}{du} = \begin{cases} -1 & : \text{Massebehaftetes Teilchen} \\ 0 & : \text{Masseloses Teilchen} \end{cases} \tag{3.2}$$

Dann lautet die Geodätengleichung für x^a

$$\frac{\partial K}{\partial x^a} - \frac{d}{du}\left(\frac{\partial K}{\partial \dot{x}^a}\right) = 0 \tag{3.3}$$

Impulserhaltung

In der Allgemeinen Relativitätstheorie ist es schwierig Erhaltungsgrößen zu definieren, da es in der Raumzeit keinen sinnvollen Weg gibt Vektoren zu addieren. Jedoch lässt sich eine Erhaltungsgleichung für die kovariante Form des Viererimpulses eines sich auf einer Geodäten bewegenden Teilchens finden. Eine alternative Form der Geodätengleichung kann geschrieben werden als [Sch09, S.178f]:

$$M\frac{dp_a}{d\tau} = \frac{1}{2}g_{bc,a}p^b p^c \tag{3.4}$$

Ist nun der metrische Tensor von x^a unabhängig, so folgt, dass p_a entlang der Geodäten erhalten ist.

Gravitative Rotverschiebung

Aus der Newtonschen Mechanik ist bekannt, dass ein Teilchen Energie verliert, wenn es aus dem Gravitationsfeld eines Körpers entkommen will. In der Einstein'schen Theorie wird diese (negative) Gravitationsenergie durch die Geometrie der Raumzeit und somit durch den metrischen Tensor beschrieben.

Betrachtet man nun ein Photon, das von einem Objekt emittiert wird so muss es beim Verlassen des Gravitationspotentials ebenfalls Energie verlieren. Im Vergleich zu massebehafteten Teilchen wird dieser Energieverlust durch eine Verringerung der Frequenz[6] messbar:

Emittiere ein Beobachter A, welcher sich in einem stationären Gravitationsfeld befinde, zwei Lichtstrahlen der Frequenz ν_E, sodass der zweite Lichtstrahl gerade dann ausgesendet wird, wenn der erste eine Wellenbewegung abgeschlossen hat, so müssen die beiden Lichtstrahlen (nun aber mit der Frequenz ν_R) bei Beobachter B denselben Abstand einer Wellenlänge betragen. Die *gravitative Rotverschiebung* kann nun mithilfe der Komponente g_{tt} des metrischen

[6] Erinnerung: $E_{\text{Photon}} = h\nu$

Tensors ausgedrückt werden [HEL06, S. 221ff]:

$$\frac{\nu_R}{\nu_E} = \left(\frac{g_{tt}(A)}{g_{tt}(B)}\right)^{1/2} \tag{3.5}$$

Ist A in einem „tieferen"Gravitationsgebiet als B, so gilt dann $|g_{tt}(A)| < |g_{tt}(B)|$ und somit $\nu_R < \nu_E$, das Licht ist also rotverschoben.
Ein interessanter Fall tritt ein, wenn $g_{tt}(A) = 0$. Dann folgt nämlich aus (3.5), dass $\nu_R \to 0$. Dies impliziert eine unendliche Rotverschiebung. Es lässt sich folgende Definition formulieren:

Definition 3 (Fläche unendlicher Rotverschiebung)
Sei $\mathcal{M}$ eine stationäre Raumzeit. Dann heißt die Fläche $g_{tt}(x^1, x^2, x^3) = 0$ eine Fläche unendlicher Rotverschiebung.

Ereignishorizonte

Ein Ereignishorizont ist definiert als eine Fläche, welche nur von außen nach innen passierbar ist. Hat ein Teilchen den Ereignishorizont überquert, so wird es sich für immer in der von dem Ereignishorizont eingeschlossenen Fläche befinden und kann somit von keinem Beobachter mehr gemessen werden. Diese Idee lässt sich ebenfalls formalisieren [HEL06, S. 315f]

Definition 4 (Ereignishorizont)
Sei $\mathcal{M}$ eine stationäre Raumzeit. Dann wird die Fläche $g^{rr}(r, x^2, x^3) = 0$ als Ereignishorizont bezeichnet.

Die Motivationen von Flächen unendlicher Rotverschiebung und Ereignishorizonten klingen auf den ersten Blick recht ähnlich. Im Falle eines statischen Schwarzen Loches werden diese beiden Flächen auch zusammenfallen; falls das Schwarze Loch jedoch rotiert, wird dies nicht mehr der Fall sein. Die ausführlichere Diskussion hiervon wird vorerst auf Kapitel 6 verschoben.

Singularitäten

In der Physik bezeichnet eine Singularität meist die Divergenz einer physikalischen Größe. Da ein solches Verhalten experimentell noch nicht nachgewiesen wurde, werden Singularitäten meist als unphysikalisch betrachtet. Sie sind ein Zeichen für die Unvollkommenheit einer Theorie.
In der Relativitätstheorie ist das fundamentale Werkzeug das Wegelement $ds^2 = g_{ab}dx^a dx^b$. Es kann passieren, dass ein Summand für spezielle Werte der $\{x^a\}$ nicht definiert ist[7]. Aufgrund der koordinatenunabhängigen Formulierung der Allgemeinen Relativitätstheorie muss zwischen zwei verschiedenen Singularitäten unterschieden werden: Koordinatensingularitäten und Krümmungssingularitäten:

[7] Meistens wird durch Null dividiert

Definition 5 (Koordinatensingularität)
Eine Koordinatensingularität ist eine Singularität, welche die Unvollkommenheit des verwendeten Koordinatensystems ausdrückt. Sie kann durch Wechsel in ein anderes Koordinatensystem behoben werden.

Definition 6 (Krümmungssingularität)
Eine Krümmungssingularität beschreibt einen Ort unendlicher Krümmung. Sie kann *nicht* durch den Wechsel in ein anderes Koordinatensystem behoben werden.

Ein einfacher Test zur Klassifizierung einer Singularität ist die Berechnung einer sogenannten skalaren Invarianten des Krümmungstensors[8]. Ein Beispiel ist der Ricci - Skalar oder der *Kretschmann - Skalar* K:

$$K = R_{abcd}R^{abcd} \tag{3.6}$$

Nur wenn dieser divergiert, handelt es sich um eine Krümmungssingularität [Mü07, S. 737ff].

3.3 Grafische Darstellung im Raumzeit - Diagramm

Die bis hierhin formulierten Begriffe klingen zunächst etwas abstrakt. Es ist lohnenswert eine grafische Darstellung der Raumzeit zu entwickeln, in welcher jedem Begriff eine anschauliche Bedeutung gegeben werden kann.

Grundlegender Aufbau

In einem Raumzeit - Diagramm sollen Weltlinien eingezeichnet und untersucht werden können. Somit ist es nötig, dass sowohl die zeitliche, als auch die räumlichen Komponenten eine eigene Achse bekommen. Um eine möglichst einfache grafische Form zu erhalten werden lediglich eine räumliche und eine zeitliche Komponente visualisiert. In dieser Arbeit werden die Koordinaten (t, r) gewählt, da sich diese für die Untersuchung von Teilchen, welche sicht in der Nähe eines Schwarzen Loches[9] befinden, am besten eignen.

Lichtkegel

Teilchen mit nicht verschwindender Ruhemasse bewegen sich immer langsamer als Licht. Daher werden sie zu jeder Zeit innerhalb des Gebiets liegen, welches durch radial vom Teilchen in alle Raumrichtungen ausgehende Photonen begrenzt wird. Die Berandung dieses Gebiets wird als Lichtkegel bezeichnet (vgl. Abb. 1).

[8] Es ist wichtig, dass es sich um einen Skalar handelt, da dieser in jedem Koordinatensystem den gleichen Wert hat

[9] Der Ereignishorizont habe den Ursprung des Koordinatensystems als Zentrum

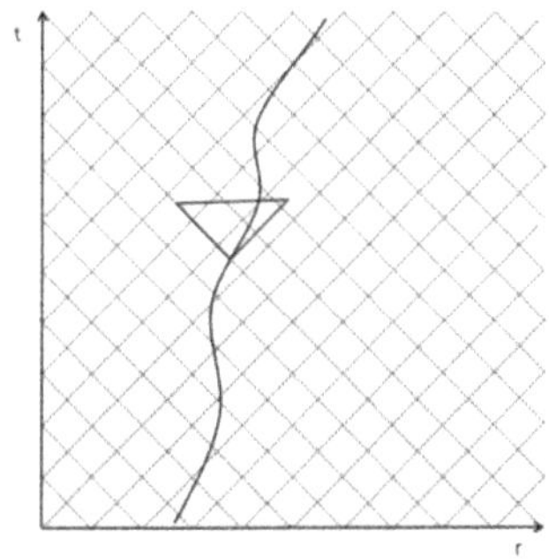

Abbildung 1: Raumzeit - Diagramm mit einer Weltlinie eines Teilchens nicht verschwindender Ruhemasse in einer Minkowskiraumzeit. Die Weltlinie befindet sich zu jedem Zeitpunkt innerhalb des lokalen Lichtkegels.

Physikalische Untersuchungen im Raumzeit - Diagramm

Um eine bestimmte Raumzeit in einem Raumzeit - Diagramm interpretieren zu können hält man sich am besten an folgendes Vorgehen:

1. Berechne die Photonenweltlinien (Berandungen des Lichtkegels) $t(r)$ aus dem bekannten Wegelement mit Hilfe von (3.2) und (3.3) und zeichne diese in das Diagramm ein.

2. Der Bereich zwischen zwei Photonenweltlinien ist das für ein massebehaftetes Objekt zugängliches Gebiet.

3. Existiert eine Linie, welche der Lichtkegel nur in eine Richtung überqueren kann, so handelt es sich um einen Ereignishorizont der Raumzeit.

Es fällt auf, dass sich ein Raumzeit - Diagramm gut eignet, um die Ereignishorizonte einer Raumzeit grafisch zu bestimmen. Weiterhin kann die Bahn von physikalischen Objekten anschaulich interpretiert werden.

4 Die Schwarzschildmetrik

Es wird das Schwarzschild'sche Linienelement hergeleitet. Anschließend soll der Unterschied zwischen verschiedenen Koordinaten diskutiert werden und abschließend eine andere Form des Linienelements, welche den Ausgangspunkt zur Herleitung der Kerr - Metrik darstellen wird, gefunden werden.

4.1 Herleitung der Schwarzschildmetrik

Ein nicht rotierendes Schwarzes Loch kann man idealisiert als eine homogene Kugel auffassen. Diese sphärische Symmetrie wird zum berühmten Schwarzschildschen Wegelement führen. Formaler ausgedrückt entspricht die durch das Schwarze Loch gekrümmte Raumzeit einer Lösung der Einsteinschen Feldgleichungen im Vakuum für einen Massepunkt.

Das Wegelement für eine statische sphärisch symmetrische Raumzeit

Offenbar sind die sogenannten Schwarzschildkoordinaten $(x^i) = (t, r, \theta, \phi)$ der Symmetrie des Systems am besten angepasst. Die Komponenten des metrischen Tensors berechnen sich wie folgt: $g_{ab} = \vec{e}_a \cdot \vec{e}_b$. Das Wegelement der Minkowskiraumzeit lautet in sphärischen Koordinaten:

$$\eta_{ab} = -dt^2 + dr^2 + r^2(d\theta + sin^2 d\phi^2) := -dt^2 + dr^2 + r^2 d\Omega^2$$

Betrachtetet man nun die Hyperfläche $t = const.$, so gelten die bekannten Relationen aus der Vektoranalysis:

$$\vec{e}_r \cdot \vec{e}_\theta = \vec{e}_r \cdot \vec{e}_\phi = \vec{e}_\theta \cdot \vec{e}_\phi = 0$$

Weiterhin darf keine bevorzugte Richtung in der Raumzeit existieren, also gilt zusätzlich:

$$\vec{e}_t \cdot \vec{e}_\theta = \vec{e}_t \cdot \vec{e}_\phi = 0$$

Somit lautet das Wegelement für ein sphärisch symmetrisches Gravitationsfeld

$$ds^2 = g_{tt}dt^2 + 2g_{tr}dtdr + g_{rr}dr^2 + r^2 d\Omega^2 \tag{4.1}$$

Da der Massenpunkt statisch sein soll, so fordert man dies auch für die durch diesen gekrümmte Raumzeit. Dies bedeutet, dass die Komponenten des metrischen Tensors unabhängig von t und invariant unter Zeitumkehr sind[10]. Die durch Zeitumkehr erzeugte Transformation $(t, r, \theta.\phi) \to (-t, r, \theta.\phi)$ wird nun auf die nach (4.1) relevanten g_{ij} angewandt:

$$\begin{aligned} g_{t't'} &= \frac{\partial t}{\partial t'} \cdot \frac{\partial t}{\partial t'} g_{tt} = g_{tt} \\ g_{t'r'} &= \frac{\partial t}{\partial t'} \cdot \frac{\partial r}{\partial r'} g_{tr} = -g_{tr} \Rightarrow g_{tr} = 0 \\ g_{r'r'} &= \frac{\partial r}{\partial r'} \cdot \frac{\partial r}{\partial r'} g_{rr} = g_{rr} \end{aligned}$$

[10] Diese Forderungen sind nicht äquivalent, was man am Beispiel einer rotierenden Masse einsehen kann

Nun lässt sich das Wegelement einer statischen, sphärisch symmetrischen Raumzeit formulieren:

$$\boxed{ds^2 = -A(r)dt^2 + B(r)dr^2 + r^2 d\Omega^2} \tag{4.2}$$

Berechnung der Christoffelsymbole

Aus dem eben erhaltenen metrischen Tensor $g_{ab} = diag(-A(r), B(r), r^2, r^2 sin^2\theta)$ lassen sich die Christoffelsymbole mit (2.9) schnell berechnen. Da g_{ab} keine Diagonalelemente enthält folgt unmittelbar aus (2.9), dass $\Gamma^a{}_{bc} = 0 \quad \forall a, b, c \in \{t, r, \theta, \phi\} : a \neq b \neq c$.
Als Beispiel soll $\Gamma^t{}_{tr}$ berechnet werden:

$$\Gamma^t{}_{tr} = \frac{1}{2} \cdot g^{ti} \left(g_{it,r} + g_{ir,t} - g_{tr,i} \right) = \frac{1}{2} \cdot g^{tt} \left(g_{tt,r} + g_{tr,t} - g_{tr,t} \right) = \frac{A'}{2A}$$

Anloge Rechnungen führen auf weitere von Null verschiedene Christoffelsymbole, welche im Folgenden aufgelistet sind:

$$\begin{aligned}
\Gamma^t{}_{tr} &= \frac{A'}{2A} \\
\Gamma^r{}_{tt} &= \frac{A'}{2B} \\
\Gamma^r{}_{rr} &= \frac{B'}{2B} \\
\Gamma^r{}_{\theta\theta} &= \frac{-r}{B} \\
\Gamma^r{}_{\phi\phi} &= \frac{-r sin^2\theta}{B} \\
\Gamma^\theta{}_{r\theta} &= \frac{1}{r} \\
\Gamma^\theta{}_{\phi\phi} &= -sin\theta cos\theta \\
\Gamma^\phi{}_{r\phi} &= \frac{1}{r} \\
\Gamma^\phi{}_{\theta\phi} &= \frac{cos\theta}{sin\theta}
\end{aligned} \tag{4.3}$$

Berechnung des Ricci Tensors

Aus den eben berechneten Christoffelsymbolen kann mit Hilfe von (2.10) und (2.11) der Ricci - Tensor berechnet werden. Wieder wird ein Beispiel vorgerechnet:

$$\begin{aligned}
R_{tt} &= \Gamma^i{}_{tt,i} - \Gamma^i{}_{ti,t} + \Gamma^i{}_{ji}\Gamma^j{}_{tt} - \Gamma^i{}_{jt}\Gamma^j{}_{ti} \\
&= \Gamma^r{}_{tt,r} - 0 + \Gamma^i{}_{ri}\Gamma^r{}_{tt} - \Gamma^t{}_{rt}\Gamma^r{}_{tt} - \Gamma^r{}_{tt}\Gamma^t{}_{tr} \\
&= \Gamma^r{}_{tt,r} + \Gamma^t{}_{rt}\Gamma^r{}_{tt} + \Gamma^r{}_{rr}\Gamma^r{}_{tt} + \Gamma^\theta{}_{r\theta}\Gamma^r{}_{tt} + \Gamma^\phi{}_{r\phi}\Gamma^r{}_{tt} - 2\Gamma^r{}_{tt}\Gamma^t{}_{tr} \\
&= \frac{A''}{2B} - \frac{A'B'}{4B^2} - \frac{(A)'^2}{4AB} + \frac{A'}{Br}
\end{aligned}$$

Wieder lassen sich die anderen Komponenten des Ricci - Tensors ähnlich berechnen. Durch die Symmetrieeigenschaften erkennt man sofort, dass R_{ab} eine Diagonalform besitzen muss.

$$\begin{aligned}
R_{tt} &= \frac{A''}{2B} - \frac{A'}{4B}\left(\frac{A'}{A} + \frac{B'}{B}\right) + \frac{A'}{Br} \\
R_{rr} &= \frac{-A''}{2A} + \frac{A'}{4A}\left(\frac{B'}{B} + \frac{A'}{A}\right) + \frac{B'}{rB} \\
R_{\theta\theta} &= \frac{-r}{2B}\left(\frac{A'}{A} - \frac{B'}{B}\right) - \frac{1}{B} + 1 \\
R_{\phi\phi} &= sin^2\theta R_{\theta\theta}
\end{aligned} \tag{4.4}$$

Lösung des Gleichungssystems

Die Einsteinschen Feldgleichungen im Vakuum (3.1) fordern das Verschwinden einer jeden Komponente des Ricci - Tensors. Somit erhält man ein Gleichungssystem für die Funktionen A und B:

$$R_{tt} = R_{rr} = R_{\theta\theta} = R_{\phi\phi} = 0$$

Nun macht man sich die ähnliche Struktur von R_{tt} und R_{rr} zunutze:

$$\begin{aligned}
\frac{R_{tt}}{A} + \frac{R_{rr}}{B} &= 0 \\
\Leftrightarrow \left(\frac{A'}{A} + \frac{B'}{B}\right) &= 0 \\
\Leftrightarrow \quad \frac{d}{dr} ln(AB) &= 0 \\
\Leftrightarrow \quad AB &= const.
\end{aligned}$$

Da für große r die gesuchte Metrik in die Minkowskimetrik übergehen soll, bestimmt sich die Konstante zu eins:

$$A(r) = \frac{1}{B(r)}$$

Setzt man dies in $R_{\theta\theta}$ ein erhält man

$$\frac{d}{dr}(Ar) = 1 \Rightarrow A = 1 + \frac{const.}{r} \tag{4.5}$$

Die Konstante kann man mit Hilfe der Schwachfeldnäherung als $-2M$ wählen. Kombiniert man alle bisherigen Ergebnisse, so erhält man das Linienelement der Schwarzschildmetrik: [Sch09, HEL06, D'I92]

$$\boxed{ds^2 = -\left(1 - \frac{2GM}{c^2 r}\right) c^2 dt^2 + \left(1 - \frac{2GM}{c^2 r}\right)^{-1} dr^2 + r^2 d\Omega^2} \tag{4.6}$$

Zusammenfassung des Lösungsweges

Trotz des hochgradig nichtlinearen Charakters der Feldgleichungen ist das erfolgreiche Lösungsverfahren überschaubar:

1. Bestimme mit Hilfe von Symmetrieüberlegungen die allgemeinste Form des metrischen Tensors

2. Setze diesen in die Vakuumfeldgleichungen ein

3. Löse das entstehende Gleichungssystem mithilfe von physikalisch motivierten Randbedingungen

Es wird sich jedoch herausstellen, dass im Falle einer nicht-sphärisch-symmetrischen Raumzeit die Rechnungen um ein Vielfaches komplexer werden.

4.2 Diskussion der Schwarzschildmetrik

4.2.1 Photonenweltlinien und Raumzeit - Diagramm

Schwarzschildkoordinaten

Analog zu den Raumzeit - Diagrammen der speziellen Relativitätstheorie soll nun die Lösung (4.6) anhand von Lichtkegeln analysiert und interpretiert werden. Hierfür wird ein Photon betrachtet, das sich radial zur Singularität in der Schwarzschildgeometrie bewegt. Gesucht ist der Ausdruck t(r), welcher im Raumzeit - Diagramm eingetragen werden kann.
Die Geodätengleichung (3.2) lautet

$$\begin{aligned} g_{ab}\dot{x}^a\dot{x}^b &= 0 && (4.7)\\ &= -\left(1-\frac{2M}{r}\right)\dot{t}^2+\left(1-\frac{2M}{r}\right)^{-1}\dot{r}^2 && (4.8) \end{aligned}$$

Die Lagrange - Gleichung (3.3) für t liefert

$$-\frac{d}{du}\left[\left(1-\frac{2M}{r}\right)\dot{t}^2\right]=0 \qquad \Rightarrow \qquad \left(1-\frac{2M}{r}\right)\dot{t}=const. \tag{4.9}$$

Setzt man dies in (4.8) ein, so erhält man

$$\dot{r}=\pm const. \tag{4.10}$$

Durch Kombination von (4.9) und (4.10) liefert das sukzessive

$$\frac{\dot{t}}{\dot{r}}=\frac{dt/du}{dr/du}=\frac{dt}{dr}=\pm\frac{r}{r-2M} \tag{4.11}$$

Mittels Integration[11] erhält man die gesuchte Funktion t(r):

$$\boxed{t(r) = \pm \left[r + 2Mln\left|r - 2M\right|\right]} \tag{4.12}$$

Aus physikalischem Interesse wird nach (4.11) für einlaufende Photonen das negative, für auslaufende das positive Vorzeichen gewählt.
Es fällt auf, dass die Koordinatensingularität bei $r = 2M$ eine Divergenz von t zur Folge hat. Da sich jedes massenbehaftete Objekt langsamer als ein Photon bewegt kann es somit niemals den Schwarzschildradius erreichen.

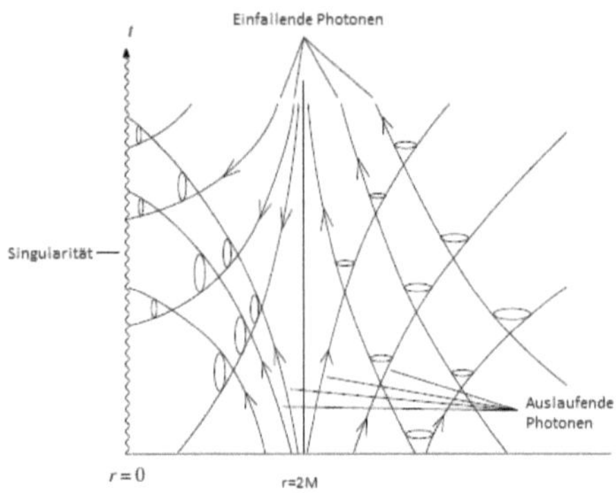

Abbildung 2: Das Raumzeit - Diagramm für Schwarzschildkoordinaten [HEL06, S. 252, bearbeitet]

Die Schwarzschild - Koordinaten lassen sich als die Koordinaten interpretieren, die die optisch wahrgenommenen Signale eines Beobachters, welcher sich unendlich weit[12] von der Singularität befindet, korrekt wiedergeben. Sie sind somit offenbar nur für $r \in (2M, \infty)$ verwendbar, da nach Abb. 1 kein Photon aus der Region innerhalb des Schwarzschild - Radius entkommen kann. Die Divergenz von t in (4.12) bedeutet nun, dass der Beobachter niemals das Passieren des Ereignishorizontes optisch wahrnehmen kann. Die Fläche r = 2M ist somit auch eine Fläche unendlicher Rotverschiebung. [D'I92]

Avancierte Eddington - Finkelstein - Koordinaten

Es werden Koordinaten gesucht, die für $r \in \mathbb{R}^+$ eine sinnvolle Wahl für einen Beobachter, welcher sich in der Nähe des Schwarzen Loches befindet, sind. Sie sollten also sicherstellen, dass sich ein radial einlaufendes Photon auf einer Geraden mit $t(r) \stackrel{!}{=} -r + const.$ bewegt. Nach (4.12) wird diese Forderung durch die folgende Transformation $t \to t'(r)$ erfüllt:

$$t' = t + 2Mln\left|r - 2M\right| \tag{4.13}$$

[11] Man verwende die Substitution $r' = r - 2M$

[12] Im physikalischen Sinne so weit, dass die Raumzeit - Krümmung durch das Schwarze Loch vernachlässigbar ist

Setzt man diese Transformation in (4.6) ein, so erhält man nach kurzer Umformung das Wegelement in den sogenannten *Eddington-Finkelstein-Koordinaten* : [D'I92]

$$\boxed{ds^2 = -\left(1 - \frac{2GM}{c^2r}\right)c^2dt'^2 + \frac{4GM}{cr}dt'dr + \left(1 + \frac{2GM}{c^2r}\right)dr^2 + r^2d\Omega^2} \tag{4.14}$$

Die Gleichung der auslaufenden Photonen bestimmt sich durch Einsetzen der Transformation (4.13) in (4.12) analog. Zusammen ergibt sich:

$$t'(r) = \begin{cases} -r & : \text{einlaufendes Photon} \\ r + 4Mln|r - 2M| & : \text{auslaufendes Photon} \end{cases} \tag{4.15}$$

Nun sieht das Raumzeit - Diagramm in den neuen Koordinaten wie folgt aus:

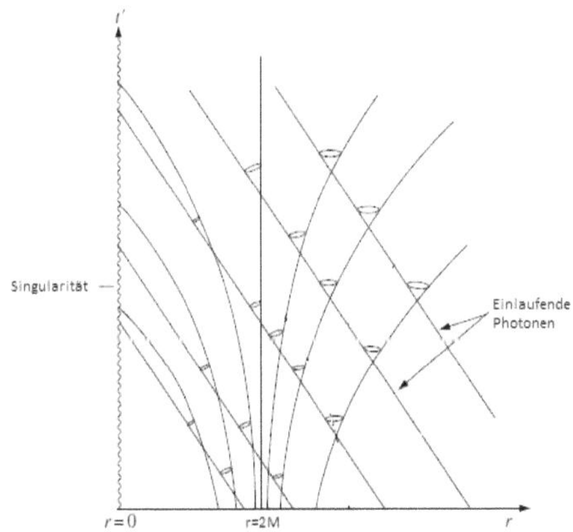

Abbildung 3: Das Raumzeit - Diagramm für (avancierte) Eddington-Finkelstein-Koordinaten [HEL06, S.257]

Aus Abb. 3 ist ersichtlich, dass ein Beobachter die Fläche r = 2M lediglich von außen nach innen durchqueren kann. Somit stellt sie auch den Ereignishorizont eines Schwarzschild - Loches dar. Es wird sich herausstellen, dass bei einem rotierenden Schwarzen Loch zwei Ereignishorizonte existieren, welche zudem nicht mit den Flächen unendlicher Rotverschiebung zusammenfallen.
Durch die Einführung einer neuen (Null-)Koordinaten $\nu := t' + r$ gewinnt man das Wegelement in *avancierten Eddington - Finkelstein - Koordinaten* [HEL06, D'I92]:

$$\boxed{ds^2 = -\left(1 - \frac{2GM}{c^2r}\right)d\nu^2 + 2d\nu dr + r^2d\Omega^2} \tag{4.16}$$

Dieses Linienelement enthält natürlich die gleiche Information wie (4.14) ist aber von einer einfacheren Form. Im nächsten Kapitel wird von ihm ausgehend die Kerr - Metrik hergeleitet.

4.2.2 Die Struktur eines nichtrotierenden Schwarzen Loches

Um eine Krümmungssingularität zu bestimmen bedarf es einer passenden skalaren Invarianten des Krümmungstensors. Diese ist durch den Kretschmann - Skalar (3.6) gegeben, da der Ricci - Skalar per Konstruktion verschwindet. Für den Schwarzschildfall ergibt sich $K = \frac{48M^2}{r^6}$, was lediglich für $r = 0$ divergiert. [D'I92]
Somit ist die andere Singularität im Linienelement (4.6) eine *Koordinatensingularität*, welche durch Transformation in Eddington - Finkelstein - Koordinaten behoben wurde[13].
Da nun sowohl die Singularität, die Fläche unendlicher Rotverschiebung und der Ereignishorizont bestimmt sind, lässt sich ein räumliches Diagramm[14] der Schwarzschildlösung zeichnen:

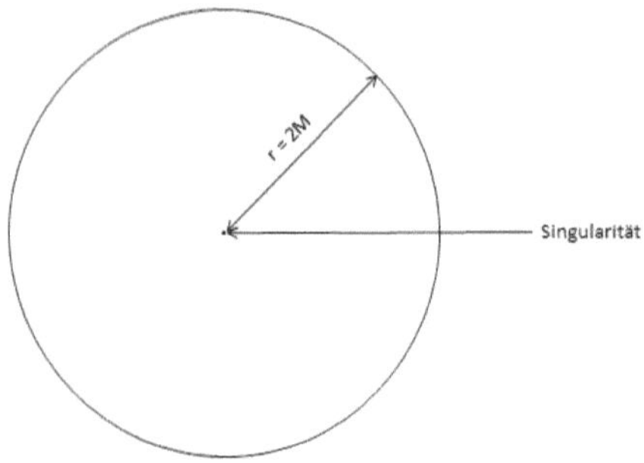

Abbildung 4: Räumliche Struktur eines Schwarzschild-Loches

Zum Abschluss soll noch einmal das Vorgehen zum Erhalten des Raumzeit - Diagrammes in (avancierten) Eddington - Finkelstein - Koordinaten zusammengefasst werden:

1. Berechne die radialen Weltlinien für ein-/ auslaufende Photonen
2. Finde eine Transformation, welche radial einlaufende Photonen auf $t(r) = -r$ abbildet.
3. Durch Einsetzen der Transformation in die Weltlinien aus 1. erhält man das gewünschte Raumzeit - Diagramm

[13] Betrachtet man (4.14) fällt sofort auf, dass keine Divergenz bei $r = 2M$ vorliegt.
[14] Aufgrund der Unabhängigkeit der metrischen Komponenten von t ändert sich die Struktur mit der Zeit nicht.

5 Die Kerr Metrik

5.1 Das Wegelement für ein stationäres, axialsymmetrisches Gravitationsfeld

Im Folgenden soll das Linienelement für einen gleichmäßig rotierenden Körper motiviert werden. Hierfür werden zunächst die Koordinaten (t, x^1, x^2, ϕ) verwendet. Es folgt dann aus physikalischem Interesse, dass die Raumzeit stationär ist und weiterhin eine Symmetrieachse in ϕ - Richtung existiert. Somit sind die Komponenten des metrischen Tensors Funktionen von x^1 und x^2.
Betrachtet man ein rotierendes Objekt und führt die Transformation $(t, x^2, x^2, \phi) \to (-t, x^1, x^2, -\phi)$ durch, so fällt auf, dass es invariant unter jener ist. Mit ähnlichen Überlegungen wie in Kapitel 4.2 kann man zeigen, dass dies $g_{tx^1} = g_{tx^2} = g_{x^1\phi} = g_{x^2\phi} = 0$ zur Folge hat.
Somit lässt sich das Wegelement folgendermaßen schreiben:

$$ds^2 = g_{tt}dt^2 + 2g_{t\phi}dtd\phi + g_{\phi\phi}d\phi^2 + \left[g_{x^1x^1}(dx^1)^2 + 2g_{x^1x^2}dx^1dx^2 + g_{x^2x^2}(dx^2)^2\right] \tag{5.1}$$

Der Teil in eckigen Klammern wird nun als eine zweidimensionale Untermannigfaltigkeit aufgefasst. Dann man kann zeigen [HEL06, S. 282f], dass es für jede zweidimensionale Mannigfaltigkeit eine Funktion $\Omega^2(x^1, x^2)$ gibt, sodass $g_{ab} = \Omega^2(x^1, x^2)\eta_{ab}$. Das impliziert, dass auch $g_{x^1x^2} = 0$.
Kombiniert man die obigen Ergebnisse, so kann man für neu definierte Funktionen eine physikalisch ansprechende Form für das Linienelement erhalten:

$$ds^2 = -A'dt^2 + B'(d\phi - D'dt)^2 + C'\left[(dx^1)^2 + (dx^2)^2\right]$$

Um x^1 und x^2 durch die physikalisch anschaulichen Koordinaten r und θ ersetzen zu können wird die obige Forderung an Ω in der Form abgeschwächt, indem nicht gefordert wird, dass die Komponenten $g_{x^1x^1}$ und $g_{x^2x^2}$ gleich sein müssen. Damit lautet die gewünschte Form für das Wegelement [HEL06]:

$$\boxed{ds^2 = -Adt^2 + D(d\phi - Edt)^2 + Bdr^2 + Cd\theta^2} \tag{5.2}$$

5.2 Versuch einer Herleitung analog zur Schwarzschildmetrik

Berechnung der Christoffelsymbole

Aus dem eben erhaltenen Wegelement lässt sich der metrische Tensor sofort ablesen:

$$g_{ab} = \begin{pmatrix} -A + DE^2 & 0 & 0 & -DE \\ 0 & B & 0 & 0 \\ 0 & 0 & C & 0 \\ -DE & 0 & 0 & D \end{pmatrix} \quad \Rightarrow \quad g^{ab} = \begin{pmatrix} -\frac{1}{A} & 0 & 0 & -\frac{E}{A} \\ 0 & \frac{1}{B} & 0 & 0 \\ 0 & 0 & \frac{1}{C} & 0 \\ -\frac{E}{A} & 0 & 0 & \frac{A-DE^2}{DA} \end{pmatrix} \tag{5.3}$$

Nun kann man wieder die Christoffelsymbole nach (2.9) berechnen. Da g_{ab} nicht mehr diagonal ist, und A, B, C, D, E Funktionen von θ und ϕ sind, verschwinden viel weniger als im Schwarzschildfall. Man erhält:

$$
\begin{aligned}
\Gamma^t{}_{tr} &= \frac{1}{2A}(A_{,r} - EDE_{,r}) \\
\Gamma^t{}_{t\theta} &= \frac{1}{2A}(A_{,\theta} - EDE_{,\theta}) \\
\Gamma^t{}_{r\phi} &= \frac{DE_{,r}}{2A} \\
\Gamma^t{}_{\theta\phi} &= \frac{DE_{,\theta}}{2A} \\
\Gamma^r{}_{tt} &= \frac{1}{2B}(A_{,r} - E^2D_{,r} - 2DEE_{,r}) \\
\Gamma^\theta{}_{tt} &= \frac{1}{2C}(A_{,\theta} - E^2D_{,\theta} - 2DEE_{,\theta}) \\
\Gamma^r{}_{t\phi} &= \frac{1}{2B}(ED_{,r} + DE_{,r}) \\
\Gamma^\theta{}_{t\phi} &= \frac{1}{2C}(ED_{,\theta} + DE_{,\theta}) \\
\Gamma^r{}_{rr} &= \frac{B_{,r}}{2B} \\
\Gamma^r{}_{r\theta} &= \frac{B_{,\theta}}{2B} \\
\Gamma^r{}_{\theta\theta} &= \frac{C_{,r}}{2B} \\
\Gamma^\theta{}_{rr} &= \frac{-B_{,\theta}}{2C} \\
\Gamma^r{}_{\phi\phi} &= \frac{D_{,r}}{2B} \\
\Gamma^\theta{}_{\phi\phi} &= \frac{-D_{,\theta}}{2C} \\
\Gamma^\theta{}_{r\theta} &= \frac{C_{,r}}{2C} \\
\Gamma^\theta{}_{\theta\theta} &= \frac{C_{,\theta}}{2C} \\
\Gamma^\phi{}_{tr} &= \frac{1}{2A}\left(EA_{,r} - E^2DE_{,r} - \frac{AED_{,r}}{D} - AE_{,r}\right) \\
\Gamma^\phi{}_{t\theta} &= \frac{1}{2A}\left(EA_{,r} - E^2DE_{,r} - \frac{AED_{,r}}{D} - AE_{,r}\right) \\
\Gamma^\phi{}_{r\phi} &= \frac{1}{2A}\left(EDE_{,r} + \frac{AD_{,r}}{D}\right) \\
\Gamma^\phi{}_{\theta\phi} &= \frac{1}{2A}\left(EDE_{,\theta} + \frac{AD_{,\theta}}{D}\right)
\end{aligned}
\tag{5.4}
$$

Berechnung des Ricci Tensors

Der Ricci Tensor berechnet sich wieder nach (2.11). Ein Bespiel:

$$
\begin{aligned}
R_{rr} &= \Gamma^a{}_{rr,a} - \Gamma^a{}_{ra,r} + \Gamma^a{}_{ba}\Gamma^b{}_{rr} - \Gamma^a{}_{br}\Gamma^b{}_{ar} \\
&= \Gamma^r{}_{rr,r} + \Gamma^\theta{}_{rr,\theta} - \Gamma^t{}_{rt,r} - \Gamma^r{}_{rr,r} - \Gamma^\theta{}_{r\theta,r} - \Gamma^\phi{}_{r\phi,r} + \\
&\quad \Gamma^r{}_{rr}\left(\Gamma^t{}_{rt} + \Gamma^r{}_{rr} + \Gamma^\theta{}_{r\theta} + \Gamma^\phi{}_{r\phi}\right) + \Gamma^\theta{}_{rr}\left(\Gamma^t{}_{\theta t} + \Gamma^r{}_{\theta r} + \Gamma^\theta{}_{\theta\theta} + \Gamma^\phi{}_{\theta\phi}\right) - \\
&\quad \left(\Gamma^t{}_{tr}\Gamma^t{}_{tr} + 2\Gamma^\phi{}_{tr}\Gamma^t{}_{\phi r} + \Gamma^r{}_{rr}\Gamma^r{}_{rr} + 2\Gamma^r{}_{\theta r}\Gamma^\theta{}_{rr} + \Gamma^\theta{}_{\theta r}\Gamma^\theta{}_{\theta r} + \Gamma^\phi{}_{\phi r}\Gamma^\phi{}_{\phi r}\right) \\
&= \left(\frac{-B_{,\theta}}{2C}\right)_{,\theta} - \left(\frac{1}{2A}\left(A_{,r} - EDE_{,r}\right)\right)_{,r} - \left(\frac{C_{,r}}{2C}\right)_{,r} - \left(\frac{1}{2A}\left(\frac{AD_{,r}}{D} + EDE_{,r}\right)\right)_{,r} + \\
&\quad \frac{B_{,r}}{2B}\left(\frac{1}{2A}\left(A_{,r} - EDE_{,r}\right) + \frac{C_{,r}}{2C} + \frac{1}{2A}\left(\frac{AD_{,r}}{D} + EDE_{,r}\right)\right) - \\
&\quad \frac{B_{,\theta}}{2C}\left(\frac{1}{2A}\left(A_{,r} - EDE_{,\theta}\right) + \frac{C_{,\theta}}{2C} - \frac{B_{,\theta}}{2B} + \frac{1}{2A}\left(\frac{AD_{,\theta}}{D} + EDE_{,\theta}\right)\right) - \\
&\quad \left(\frac{1}{2A}\left(A_{,r} - EDE_{,r}\right)\right)^2 - \left(\frac{C_{,r}}{2C}\right)^2 - \left(\frac{1}{2A}\left(EDE_{,r} + \frac{AD_{,r}}{D}\right)\right)^2 - \\
&\quad 2\frac{1}{2A}\left(EA_{,r} - E^2DE_{,r} - \frac{AED_{,r}}{D} - AE_{,r}\right)\frac{DE_{,r}}{2A} \\
&= -\frac{A_{,rr}}{2A} - \frac{C_{,rr}}{2C} - \frac{D_{,rr}}{2D} - \frac{A_{,\theta\theta}}{2C} + \frac{(A_{,r})^2}{4A^2} + \frac{(C_{,r})^2}{4C^2} + \frac{(D_{,r})^2}{4D^2} + \frac{D(E_{,r})^2}{2A} + \frac{(B_{,\theta})^2}{4BC} + \\
&\quad \frac{A_{,r}B_{,r}}{4AB} + \frac{B_{,r}C_{,r}}{4BC} + \frac{B_{,r}D_{,r}}{4BD} - \frac{A_{,\theta}B_{,\theta}}{4AC} + \frac{B_{,\theta}C_{,\theta}}{4C^2} - \frac{B_{,\theta}D_{,\theta}}{4CD}
\end{aligned}
$$

Wie man unschwer erkennen kann sind diese Rechnungen zwar konzeptuell einfach, jedoch technisch recht aufwendig.
Ausgehend von der Invarianz der Metrik unter der Transformation $(t, x^2, x^2, \phi) \rightarrow (-t, x^1, x^2, -\phi)$ kann man zeigen, dass alle Komponenten des Ricci - Tensors, bei welchen genau ein Index $\in \{t, \theta\}$ ist, automatisch verschwinden (vgl. Anhang A). Somit müssen nur noch fünf weitere Komponenten des Ricci - Tensors berechnet werden. Im Folgenden sind die zu lösenden Gleichungen der so verbleibenden Komponenten aufgelistet:

$$
\begin{aligned}
R_{tt} = & \frac{A_{,rr}}{2B} - \frac{E^2 D_{,rr}}{2B} - \frac{DEE_{,rr}}{B} - \frac{(A_{,r})^2}{4AB} + \frac{E^2(D_{,r})^2}{4BD} - \frac{D(E_{,r})^2}{2B} - \frac{D^2E^2(E_{,r})^2}{2AB} + \\
& \frac{A_{,\theta\theta}}{2C} - \frac{E^2 D_{,\theta\theta}}{2C} - \frac{DEE_{,\theta\theta}}{C} - \frac{(A_{,\theta})^2}{4AC} + \frac{E^2(D_{,\theta})^2}{4CD} - \frac{D(E_{,\theta})^2}{2C} - \frac{D^2E^2(E_{,\theta})^2}{2AC} - \\
& \frac{A_{,r}B_{,r}}{4B^2} + \frac{A_{,r}C_{,r}}{4BC} + \frac{A_{,r}D_{,r}}{4BD} + \frac{DEA_{,r}E_{,r}}{2AB} - \frac{E^2A_{,r}D_{,r}}{4AB} + \frac{E^2B_{,r}D_{,r}}{4B^2} + \frac{DEB_{,r}E_{,r}}{2B^2} - \frac{E^2C_{,r}D_{,r}}{4BC} - \frac{DEC_{,r}E_{,r}}{2BC} + \\
& \frac{A_{,\theta}B_{,\theta}}{4BC} - \frac{A_{,\theta}C_{,\theta}}{4C^2} + \frac{A_{,\theta}D_{,\theta}}{4CD} + \frac{DEA_{,\theta}E_{,\theta}}{2AC} - \frac{E^2A_{,\theta}D_{,\theta}}{4AC} - \frac{E^2B_{,\theta}D_{,\theta}}{4BC} - \frac{DEB_{,\theta}E_{,\theta}}{2BC} + \frac{E^2C_{,\theta}D_{,\theta}}{4C^2} + \frac{DEC_{,\theta}E_{,\theta}}{2C^2} \\
R_{t\phi} = & \frac{ED_{,rr}}{2B} + \frac{DE_{,rr}}{2B} - \frac{E(D_{,r})^2}{4BD} + \frac{ED_{,\theta\theta}}{2C} + \frac{DE_{,\theta\theta}}{2C} - \frac{E(D_{,\theta})^2}{4CD} - \\
& \frac{EA_{,r}D_{,r}}{4AB} - \frac{DA_{,r}E_{,r}}{4AB} - \frac{EB_{,r}D_{,r}}{4B^2} - \frac{DB_{,r}E_{,r}}{4B^2} + \frac{EC_{,r}D_{,r}}{4BC} + \frac{DC_{,r}E_{,r}}{4BC} + \frac{D_{,r}E_{,r}}{B} - \frac{DD_{,r}E_{,r}}{4BD} - \\
& \frac{EA_{,\theta}D_{,\theta}}{4AC} - \frac{DA_{,\theta}E_{,\theta}}{4AC} + \frac{EB_{,\theta}D_{,\theta}}{4BC} + \frac{DB_{,\theta}E_{,\theta}}{4BC} - \frac{EC_{,\theta}D_{,\theta}}{4C^2} - \frac{DC_{,\theta}E_{,\theta}}{4C^2} + \frac{D_{,\theta}E_{,\theta}}{C} - \frac{DD_{,\theta}E_{,\theta}}{4CD} \\
R_{rr} = & -\frac{A_{,rr}}{2A} - \frac{C_{,rr}}{2C} - \frac{D_{,rr}}{2D} - \frac{A_{,\theta\theta}}{2C} + \frac{(A_{,r})^2}{4A^2} + \frac{(C_{,r})^2}{4C^2} + \frac{(D_{,r})^2}{4D^2} + \frac{D(E_{,r})^2}{2A} + \frac{(B_{,\theta})^2}{4BC} + \\
& \frac{A_{,r}B_{,r}}{4AB} + \frac{B_{,r}C_{,r}}{4BC} + \frac{B_{,r}D_{,r}}{4BD} - \frac{A_{,\theta}B_{,\theta}}{4AC} + \frac{B_{,\theta}C_{,\theta}}{4C^2} - \frac{B_{,\theta}D_{,\theta}}{4CD} \\
R_{r\theta} = & -\frac{A_{,r\theta}}{2A} - \frac{D_{,r\theta}}{2D} + \frac{A_{,r}A_{,\theta}}{4A^2} + \frac{A_{,r}B_{,\theta}}{4AB} + \frac{DEA_{,r}E_{,\theta}}{4A^2} + \frac{C_{,r}A_{,\theta}}{4AC} + \frac{C_{,r}C_{,\theta}}{4CD} + \frac{D_{,r}B_{,\theta}}{4BD} + \frac{D_{,r}D_{,\theta}}{4D^2} - \\
& \frac{EAD_{,r}E_{,\theta}}{4A^2} - \frac{DEE_{,r}A_{,\theta}}{4A^2} + \frac{EAE_{,r}D_{,\theta}}{4A^2} + \frac{DE_{,r}E_{,\theta}}{2A} \\
R_{\theta\theta} = & -\frac{C_{,rr}}{2B} + \frac{(C_{,r})^2}{4BC} - \frac{A_{,\theta\theta}}{2A} - \frac{B_{,\theta\theta}}{2B} - \frac{D_{,\theta\theta}}{2D} + \frac{(A_{,\theta})^2}{4A^2} + \frac{(B_{,\theta})^2}{4B^2} + \frac{(D_{,\theta})^2}{4D^2} + \frac{D(E_{,\theta})^2}{2A} - \\
& \frac{A_{,r}C_{,r}}{2AB} - \frac{C_{,r}D_{,r}}{4BD} + \frac{A_{,\theta}C_{,\theta}}{4AC} + \frac{B_{,\theta}C_{,\theta}}{4BC} + \frac{C_{,\theta}D_{,\theta}}{4CD} \\
R_{\phi\phi} = & -\frac{D_{,rr}}{2B} + \frac{(D_{,r})^2}{4BD} - \frac{D^2(E_{,r})^2}{2AB} - \frac{A_{,r}D_{,r}}{4AB} + \frac{B_{,r}D_{,r}}{4B^2} - \frac{C_{,r}D_{,r}}{4BC} \\
& \frac{D_{,\theta\theta}}{2C} + \frac{(D_{,\theta})^2}{4CD} - \frac{D^2(E_{,\theta})^2}{2AC} - \frac{A_{,\theta}D_{,\theta}}{4AC} + \frac{B_{,\theta}D_{,\theta}}{4BC} - \frac{C_{,\theta}D_{,\theta}}{4C^2}
\end{aligned}
$$

Trotz den vorher erhaltenen Randbedingungen scheint es eine nicht lösbare Aufgabe zu sein, die korrekten Parameterwerte herzuleiten oder zu raten. Eine rechentechnisch einfache Lösung wie im Schwarzschildfall ist hier nicht mehr möglich. Dies hat den einfachen Grund der geringeren Symmetrie eines rotierenden Schwarzen Loches, welche die Lösungsmenge der Einsteingleichungen um ein Vielfaches vergrößert. Während es im Schwarzschild - Fall lediglich zwei freie Parameter, welche von einer Koordinaten abhingen, gab, so besitzt obiges Gleichungssystem fünf freie Parameter, die Funktionen von zwei Koordinaten sind.
Im Folgenden Abschnitt wird ein Trick vorgestellt, welcher einen anderen Weg als dieser Abschnitt einschlägt.

5.3 Der Newman - Janis - Trick

5.3.1 Einschub: (Null-)Tetraden

Tetradenformalismus

Wie in Kapitel 2 bemerkt wurde kann die Raumzeit der allgemeinen Relativitätstheorie *lokal* durch die Raumzeit der speziellen Relativitätstheorie, dem sogenannten *lokalen Inertialsysten*, approximiert werden. In diesem lässt sich nun eine Orthonormalbasis aufspannen[15]. Da Rechnungen in einem Inertialsystem weniger aufwendig sind, ist es wünschenswert Vektoren in einer dem Inertialsystem angepassten Basis auszudrücken.
Diese Orthonormalbasis wird auch als *Tetrade* bezeichnet, welche durch die folgenden Einheitsvektoren aufgespannt ist:

$$(e^a_{\underline{i}}) := (e^a_{\underline{0}}, e^a_{\underline{1}}, e^a_{\underline{2}}, e^a_{\underline{3}}) \overset{\text{hier}}{:=} (v^a, i^a, j^a, k^a) \tag{5.5}$$

In diesem Formalismus bezeichnet der Index a die a-te Komponente der $\underline{i}$-ten Tetrade ($\underline{i}$ heißt auch *Tetradenindex*). Anschaulich entsprechen $e^a_{\underline{1}}, e^a_{\underline{2}}$ und $e^a_{\underline{3}}$ drei raumartigen Einheitsvektoren, welche orthogonal auf die zeitartige Tangente $e^a_{\underline{0}}$ eines sich auf einer zeitartigen Geodäten bewegenden Teilchens stehen.
Bildet man die Skalarprodukte der Tetradenvektoren, lässt sich die *Tetradenmetrik* $\eta_{\underline{ij}}$ so definieren, dass sie die gestellte Forderung vom Anfang des Kapitels erfüllt[16]

$$\begin{aligned} \eta_{\underline{ij}} &= e^a_{\underline{i}} e^b_{\underline{j}} g_{ab} \\ g_{ab} &= \eta_{\underline{ij}} e^{\underline{i}}_a e^{\underline{j}}_b \\ \eta_{\underline{ij}} &= diag(-1,1,1,1) \end{aligned} \tag{5.6}$$

Man kann mittels der Tetradenmetrik die Tetradenindizes und mit den Tetradenvektoren sowohl Tensor-/ als auch Tetradenindizes heben und senken .

Nulltetraden

Für den Newman - Janis Trick wird folgende Basis benötigt:

$$(e^a_{\underline{i}}) =: (Z^a_{\underline{i}}) := (l^a, n^a, m^a, \overline{m}^a) \tag{5.7}$$

---

15 Die Idee ist ähnlich zu der des Erhaltens des begleitenden Dreibeins in der elementaren Kurventheorie

16 Die Tetradenmetrik muss nicht zwingend die Form der Minkowski - Metrik besitzen, weshalb sie im allgemeinen mit $g_{\underline{ij}}$ bezeichnet wird

wobei die Tetradenvektoren wie folgt definiert sind:

$$
\begin{aligned}
l^a &:= \frac{1}{\sqrt{2}}(v^a + i^a) \\
n^a &:= \frac{1}{\sqrt{2}}(v^a - i^a) \\
m^a &:= \frac{1}{\sqrt{2}}(j^a + \mathrm{i}k^a) \\
\overline{m}^a &:= \frac{1}{\sqrt{2}}(j^a - \mathrm{i}k^a)
\end{aligned}
\tag{5.8}
$$

Hierbei steht das kursive i für den in (5.5) definierten Tetradenvektor, das recte i bezeichnet die imaginäre Einheit. Die explizite Form der Tetradenmetrik lässt sich nun leicht berechnen. Ein Beispiel:

$$
\begin{aligned}
l_a l^a &= \frac{1}{2}(v_a + i_a)(v^a + i^a) \\
&= \frac{1}{2}\left(g_{ab}v^b + g_{ab}i^b\right)(v^a + i^a) \\
&\underset{v \perp i}{\overset{(5.6)}{=}} 0 = g_{aa}e^a_{\underline{0}}e^a_{\underline{0}} = g_{\underline{00}}
\end{aligned}
$$

Analoge Rechnungen führen auf folgende Form der Tetradenmetrik:

$$
g_{\underline{ij}} = \begin{pmatrix} 0 & -1 & 0 & 0 \\ -1 & 0 & 0 & 0 \\ 0 & 0 & 0 & 1 \\ 0 & 0 & 1 & 0 \end{pmatrix} = g^{\underline{ij}}
\tag{5.9}
$$

Die Tatsache, dass die Diagonale der Tetradenmetrik verschwindet bedeutet, dass jeder Basisvektor ein Nullvektor ist. Dann wird $(Z^a_{\underline{i}})$ als Nulltetrade bezeichnet.
Den großen Vorteil dieses von der Notation her recht gewöhnungsbedürftigen Formalismus sieht man ein, wenn man (5.6) mit der neuen Tetradenmetrik (5.9) in expliziter Form aufschreibt:

$$
\begin{aligned}
g_{ab} &= -l_a n_b - l_b n_a + m_a\overline{m}_b + m_b\overline{m}_a \\
g^{ab} &= -l^a n^b - l^b n^a + m^a\overline{m}^b + m^b\overline{m}^a
\end{aligned}
\tag{5.10}
$$

Bei Kenntnis der Nulltetraden ist es lediglich eine technische Übung den metrischen Tensor zu erhalten.[D'I92, Kro10, Bla14]

5.3.2 Eine schnelle „Herleitung" der Kerr - Metrik

In diesem Abschnitt wird die Kerr - Metrik mithilfe eines Algorithmus gewonnen, welcher zum Zeitpunkt seiner Entstehung kaum ernst genommen wurde und auch in der Gegenwart noch untersucht wird. Es sei bemerkt, dass einige Unformungen nicht mathematisch rigoros sind; diese werden aber im folgenden Abschnitt noch kurz diskutiert.

Die Schwarzschildlösung in Tetradenform

Ausgangspunkt ist die Schwarzschildmetrik in avancierten Eddington - Finkelstein - Koordinaten (4.16):

$$ds^2 = -\left(1 - \frac{2M}{r}\right) d\nu^2 + 2d\nu dr + r^2 d\Omega^2$$

Hieraus erhält man sofort die kontravariante Form des metrischen Tensors:

$$g^{ab} = \begin{pmatrix} 0 & 1 & 0 & 0 \\ 1 & 1 - \frac{2M}{r} & 0 & 0 \\ 0 & 0 & r^{-2} & 0 \\ 0 & 0 & 0 & r^{-2} sin^{-2}\theta \end{pmatrix} \tag{5.11}$$

Mittels (5.10) lassen sich die Tetradenvektoren und ihre Komponenten durch Lösen eines Gleichungssystems für die Tetradenkomponenten berechnen[17]. Man erhält:

$$\begin{aligned} l^a &= (0, 1, 0, 0) \\ n^a &= \left(-1, -\frac{1}{2}\left(1 - \frac{2M}{r}\right), 0, 0\right) \\ m^a &= \frac{1}{\sqrt{2}r}\left(0, 0, 1, \frac{\mathrm{i}}{sin\theta}\right) \\ \overline{m}^a &= \frac{1}{\sqrt{2}r}\left(0, 0, 1, -\frac{\mathrm{i}}{sin\theta}\right) \end{aligned} \tag{5.12}$$

Ein (komplexer) Trick zum Erhalten der Kerr Metrik

Bis hierhin ist $r \in \mathbb{R}^+$. Nun wird der Definitionsbereich von r auf einen zusätzlichen, im Allgemeinen nicht verschwindenden, Imaginärteil erweitert. Die Tetrade (5.12) muss so umgeformt werden, dass l^a und n^a reell bleiben, m^a immer noch komplex konjugiert zu $\overline{m}^a$ ist und weiterhin bei verschwindendem Imaginärteil die neue Tetrade identisch mit der ursprünglichen ist. Für die folgende Tetrade ist dies offenbar erfüllt:

$$\begin{aligned} l^a &= (0, 1, 0, 0) \\ n^a &= \left(-1, -\frac{1}{2} + \frac{M}{2}\left(\frac{1}{r} + \frac{1}{\overline{r}}\right), 0, 0\right) \\ m^a &= \frac{1}{\sqrt{2\overline{r}}}\left(0, 0, 1, \frac{\mathrm{i}}{sin\theta}\right) \\ \overline{m}^a &= \frac{1}{\sqrt{2}r}\left(0, 0, 1, -\frac{\mathrm{i}}{sin\theta}\right) \end{aligned} \tag{5.13}$$

[17] Die Randbedingungen (5.9) werden leicht erfüllbar, wenn man fordert, dass $l^2 = l^3 = n^2 = n^3 = m^0 = m^1 = 0$

Der Trick ist eine komplexe Koordinatentransformation, welche auf $(Z_{\underline{i}}^{a})$ ausgeführt wird:

$$\begin{aligned} r &\longrightarrow r' = r + \mathrm{i}acos\theta \\ \nu &\longrightarrow \nu' = \nu + \mathrm{i}acos\theta \\ \theta &\longrightarrow \theta' = \theta \\ \phi &\longrightarrow \phi' = \phi \end{aligned} \tag{5.14}$$

Durch diese Transformation wird eine neue Raumzeit gewonnen. Da diese reell sein sollte, muss dies auch für r' und ν' gelten; der Wertebereich für die neuen Koordinaten $(\nu', r', \theta', \phi')$ ist nun $\mathbb{R}^2 \times S^2$

Die Tetradenvektoren $Z_{\underline{i}}^{a}$ transformieren sich ganz normal via

$$Z_{\underline{i}}^{\prime a} = \frac{\partial x'^a}{\partial x^b} Z_{\underline{i}}^{b} \qquad \text{mit} \qquad \frac{\partial x'^a}{\partial x^b} = \begin{pmatrix} 1 & 0 & -\mathrm{i}asin\theta & 0 \\ 0 & 1 & -\mathrm{i}asin\theta & 0 \\ 0 & 0 & 1 & 0 \\ 0 & 0 & 0 & 1 \end{pmatrix}$$

Somit erhält man nach kurzer Rechnung die transformierte Tetrade:

$$\begin{aligned} l'^a &= (0,1,0,0) \\ n'^a &= \left(-1, -\frac{1}{2}\left(1 - \frac{2Mr'}{r'^2 + a^2cos^2\theta}\right)\right) \\ m'^a &= \frac{1}{\sqrt{2}(r' + \mathrm{i}acos\theta)}\left(-\mathrm{i}asin\theta, -\mathrm{i}asin\theta, 1, \frac{\mathrm{i}}{sin\theta}\right) \\ \overline{m}'^a &= \frac{1}{\sqrt{2}(r' - \mathrm{i}acos\theta)}\left(\mathrm{i}asin\theta, \mathrm{i}asin\theta, 1, \frac{-\mathrm{i}}{sin\theta}\right) \end{aligned} \tag{5.15}$$

Mit diesen neuen Tetradenvektoren kann die kontravariante Form der Metrik (die Striche werden im Folgenden weggelassen) nach (5.9) berechnet werden zu

$$g^{ab} = \begin{pmatrix} \frac{a^2sin^2\theta}{\rho^2} & \frac{r^2+a^2}{\rho^2} & 0 & \frac{a}{\rho^2} \\ \frac{r^2+a^2}{\rho^2} & \frac{r^2+a^2-2Mr}{\rho^2} & 0 & \frac{a}{\rho^2} \\ 0 & 0 & \frac{1}{\rho^2} & 0 \\ \frac{a}{\rho^2} & \frac{a}{\rho^2} & 0 & \frac{1}{\rho^2 sin^2\theta} \end{pmatrix} \qquad mit \quad \rho := r^2 + a^2cos^2\theta \tag{5.16}$$

Nach einer längeren Rechnung erhält man die kovariante Form des metrischen Tensors, aus welcher das Linienelement abgelesen werden kann [OB14, D'I92, EN65, SD00]:

$$\begin{aligned} ds^2 \quad = \quad & -\left(1 - \tfrac{2Mr}{\rho^2}\right)d\nu^2 + 2d\nu dr - \tfrac{4Mrasin^2\theta}{\rho^2}d\nu d\phi - 2asin^2\theta dr d\phi + \\ & 2\rho^2 d\theta^2 + \left(r^2 + a^2 + \tfrac{2Mra^2sin^2\theta}{\rho^2}\right)sin^2\theta d\phi^2 \end{aligned} \tag{5.17}$$

5.3.3 „Begründung" des NJA und Ausblick

Der „Trick "ist offensichtlich der Sprung von (5.12) auf (5.13). Dieser kann folgendermaßen formalisiert werden: [SD00]
Sei (5.12) die explizite Darstellung einer Tetrade $(Z^a_{\underline{i}}(x^b))$, so kann die Transformation (5.12) → (5.13) wie folgt dargestellt werden:

$$\begin{aligned}(Z^a_{\underline{i}}(x^b)) &\longrightarrow (Z'^a_{\underline{i}}(x'^b, \overline{x'^b})) \\ \mathbb{C} \ni x'^b &= x^b + \mathrm{i}y^c(x^d)\end{aligned} \tag{5.18}$$

Somit wird bei der Komplexifizierung auch der Wertebereich der x^b im Allgemeinen erweitert. [OB14] In Kenntnis des letzten Unterkapitels folgt daraus, dass dann auch $r \in \mathbb{R}$ und somit negative Radien möglich sind. Im nächsten Kapitel wird man jedoch erkennen, dass diese lediglich ein Produkt des verwendeten Koordinatensystems sind.
Die einzige Bedingung an die Transformation (5.18) lautet

$$(Z^a_{\underline{i}}(x^b)) \longrightarrow Z^a_{\underline{i}}\left(\tilde{x}^b\right) \overset{!}{=} (Z^a_{\underline{i}}(x^b)) \quad falls \quad x'^b = \overline{x'^b} \tag{5.19}$$

Diese Forderung stellt gerade sicher, dass die Transformation der Tetrade die Identitätstransformation ist, falls in der Transformation der Koordinaten alle Komponenten von $y^c(x^b)$ verschwinden. Eine Lösung ist gerade durch (5.13) gegeben, jedoch existiert vom mathematischen Standpunkt aus kein Grund, dass genau diese Darstellung der Tetrade gewählt wird[18].
Im Allgemeinen kann man die Koordinatentransformation (5.14) darstellen als

$$\tilde{x}^b = x^b + \mathrm{i}\gamma^b(x^d) \tag{5.20}$$

Aus dieser wird schlussendlich die neue Metrik gewonnen. Allerdings gibt es auch hier keinen Anlass genau diese Transformation zu wählen. Sie wird lediglich verwendet, da sie das gewünschte Ergebnis produziert. [DH13].
Drake und Szekeres haben im Jahre 2000 den Newman - Janis - Trick erfolgreich auf eine allgemeine sphärisch symmetrische Raumzeit in avancierten Eddington - Finkelstein - Koordinaten angewandt und noch einige nützliche Theoreme dazu bewiesen. Die Uneindeutigkeit des Lösungsweges führt jedoch dazu, dass der NJA in modernen modifizierten Gravitationstheorien nicht angewendet werden kann. [DH13]
Neben dem NJA gibt es natürlich noch mathematisch korrektere Lösungswege um die Kerr - Metrik herzuleiten: Der Entdecker der Kerr - Metrik, Roy P. Kerr, beispielsweise war ein Mathematiker, welcher zunächst mehr an der mathematischen als an der physikalischen Interpretation seines Ergebnisses interessiert war. Eine solche mathematische Herleitung analog zum Vorgehen Kerrs findet sich in [RA75, S. 237 - 256]. Eine physikalisch motivierte, technisch jedoch sehr aufwendige Ableitung ähnlich zu dem in Kapitel 5.2 vorgeschlagenem Ansatz findet sich in [Cha83, S. 273 - 289].

[18] Betrachtet man den allgemeineren Fall der Herleitung der Kerr - Newman - Metrik aus der Reissner - Nordstrøm-Metrik, so wird diese „Willkür" bei der Komplexifizierung noch deutlicher.

6 Folgerungen aus der Kerr Metrik

Es soll das Linienelement der Kerr Metrik untersucht werden. Somit kann die Struktur eines rotierenden Schwarzen Loches eingesehen werden. Weiterhin soll gezeigt werden, dass Energie aus rotierenden Schwarzen Löchern extrahiert werden kann.

6.1 Weitere Formen des Wegelements

Es werden im Folgenden drei verschiedene Formen des Wegelements aufgelistet, welche für die Interpretation der Kerr Metrik hilfreich sind[19]: Hierbei werden folgende Definitionen verwendet:

$$\begin{aligned}\rho^2 &:= r^2 + a^2 cos^2\theta \\ \Delta &:= r^2 - 2Mr + a^2\end{aligned}$$

1.) Avancierte Eddington - Finkelstein - Koordinaten

$$\begin{aligned} ds^2 &= -\left(1 - \tfrac{2GMr}{c^2\rho^2}\right) d\nu^2 + 2d\nu dr - \tfrac{4GMrasin^2\theta}{c^2\rho^2} d\nu d\phi - 2asin^2\theta dr d\phi + \\ & 2\rho^2 d\theta^2 + \left(r^2 + a^2 + \tfrac{2GMra^2sin^2\theta}{c^2\rho^2}\right) sin^2\theta d\phi^2 \end{aligned} \tag{6.1}$$

Dieses Wegelement entspricht gerade (5.18). Mit ihm wird später das Raumzeit - Diagramm der Kerr - Metrik gezeichnet werden.

2. Boyer - Lindquist - Koordinaten

$$\begin{aligned} ds^2 &= -\left(1 - \tfrac{2GMr}{c^2\rho^2}\right) c^2dt^2 - \tfrac{4GMrasin^2\theta}{c\rho^2} dt d\phi + \tfrac{\rho^2}{\Delta} dr^2 + \rho^2 d\theta^2 + \\ & \left(r^2 + a^2 + \tfrac{2GMra^2sin^2\theta}{c^2\rho^2}\right) sin^2\theta d\phi^2 \end{aligned} \tag{6.2}$$

In Boyer - Lindquist - Koordinaten hat das Wegelement die „einfachste" Form[20]; somit werden die meisten Rechnungen in dieser Darstellung gemacht und die Lösung in das gewünschte Koordinatensystem transformiert. Weiterhin entsprechen die BLK gerade den Koordinaten der Schwarzschildlösung (4.6). Die genaue Transformation wird bei Berechnung der radial einfallenden Photonen klar. (vgl. Kapitel 6.6)

Kerr - Schild - Koordinaten

$$\begin{aligned} ds^2 &= -c^2dt^2 + dx^2 + dy^2 + dz^2 + \\ & \frac{2GMr^3}{c^2(r^4+a^2z^2)} \left[cdt + \frac{r(xdx+ydy)+a(ydx-xdy)}{r^2+a^2} + \frac{z}{r}dz\right]^2 \end{aligned} \tag{6.3}$$

[19] Die Transformationsgleichungen zwischen den Wegelementen finden sich in [D'I92, S. 367f]

[20] Sie hat nur ein nichtverschwindendes Diagonalelement

Diese Koordinaten sind gerade Kartesische Koordinaten. In ihnen kann man die räumliche Struktur eines Kerr - Loches sehr anschaulich interpretieren. [D'I92]

6.2 Die physikalische Interpretation des Parameters a

Der Parameter a wurde zuerst im Newman - Janis - Trick eingeführt und findet sich auch in den Gleichungen (6.1) bis (6.3). Es soll plausibel gemacht werden, dass er mit dem Drehimpuls des Kerr - Loches zusammenhängt:
Betrachtet man die Wegelemente, so fällt sofort auf, dass das Wegelement invariant unter der Transforation $t \rightarrow -t \quad \wedge \quad a \rightarrow -a$ ist. In Kapitel 5.1 wurde schon die Symmetrie $t \rightarrow -t \quad \wedge \quad \phi \rightarrow -\phi$ gefordert. In der Analogie zur Argumentation in 5.1 wird klar, dass auch der Parameter a eine Drehrichtung spezifizieren muss. Betrachtet man die Einheiten, so wird klar, dass a die Einheit einer Länge haben muss. Diese beiden Forderungen lassen sich erfüllen, wenn man für a einen zum Quotienten aus dem Drehimpuls J und der Masse proportionalen Faktor ansetzt. Mit einer ausführlicheren Diskussion [JL18] lässt sich die Proportionalitätskonstante zu eins bestimmen. Somit folgt:[HEL06]

$$a = \frac{J}{Mc} = \frac{Jc}{GM} \overset{!}{\in} \,]-M, M[\tag{6.4}$$

6.3 Physikalisch relevante Limiten der Kerr Metrik

Asymptotische Flachheit

Betrachtet man den Limes $r \rightarrow \infty$, geht (6.2) über in

$$ds^2 = -dt^2 + dr^2 + r^2 \left(d\theta^2 + sin^2\theta d\phi^2\right)$$

Nach Kapitel 4.2 ist das gerade die Minkowskimetrik in sphärischen Koordinaten. Somit verschwindet auch bei einem Kerr - Loch die Raumzeitkrümmung bei ausreichendem Abstand - die Raumzeit ist asymptotisch flach.

Schwarzschildmetrik als Grenzfall für verschwindenden Drehimpuls

Setzt man in den Wegelementen (6.1) und (6.2) den Wert von a auf Null, so erhält man die Linienelement (4.6) und (4.16), welche gerade die Wegelemente der Schwarzschildmetrik in Schwarzschildkoordinaten beziehungsweise avancierten Eddington . Finkelstein - Koordinaten sind. Somit geht die Kerr - Metrik für $a = 0$ in die Schwarzschildmetrik über.
Die physikalische Interpretation ist klar: Wie eben gesehen kann man a als Drehimpulsgröße interpretieren. Verschwindet a, so kann das Schwarze Loch nicht rotieren. Dies ist gerade die Definition des Schwarzschild - Loches.[HEL06]
Aber auch vom mathematischen Standpunkt aus ist dieser Limes begründbar: Im Newman - Janis - Trick wurde die Tetrade (5.13) so konstruiert, dass sie bei verschwindendem Imaginärteil wieder identisch mir der Ursprünglichen ist. Betrachtet man die Transformation

(5.14), so ist dies im Falle $a = 0$ gerade erfüllt. Weiterhin ist dann die Transformationsmatrix die Einheitsmatrix, somit geht die alte Tetrade in sich selbst über. Per Konstruktion wird dann wieder die reelle Tetrade der Schwarzschildlösung in Eddington - Finkelstein - Koordinaten erhalten.

Boyer - Lindquist - Koordinaten (BLK) bei verschwindender Masse

Betrachtet man den Limes $M \to 0$, so erhält man in BLK folgenden Ausdruck:

$$ds^2 = -dt^2 + \frac{\rho^2}{r^2 + a^2}dr^2 + \rho^2 d\theta^2 + (r^2 + a^2)sin^2\theta d\phi^2 \tag{6.5}$$

Da im Falle $M = 0$ jedoch keine Masse existiert kann auch keine Krümmung vorliegen. Somit wird klar, dass (6.5) gerade der Minkowski - Metrik in BLK entsprechen muss. Eine kurze Rechnung bestätigt, dass die Transformationsgleichungen zu kartesischen Koordinaten gegeben sind durch:[HEL06]

$$(x, y, z) \in \mathbb{R}^2 \backslash \{x^2 + y^2 < a^2\} \times \mathbb{R} \to \mathbb{R}_0^+ \times [0, \pi] \times [0, 2\pi] \ni (r, \theta, \phi)$$

$$\begin{aligned} x &\mapsto \sqrt{r^2 + a^2} sin\theta cos\phi \\ y &\mapsto \sqrt{r^2 + a^2} sin\theta sin\phi \\ z &\mapsto r cos\theta \end{aligned} \tag{6.6}$$

Nach der Bestimmung der Struktur des Kerr - Loches werden die Einschränkungen der Definitionsbereiche der Koordinaten verständlich werden. Im Folgenden wird der Zusammenhang von kartesischen Koordinaten und BLK grafisch dargestellt:

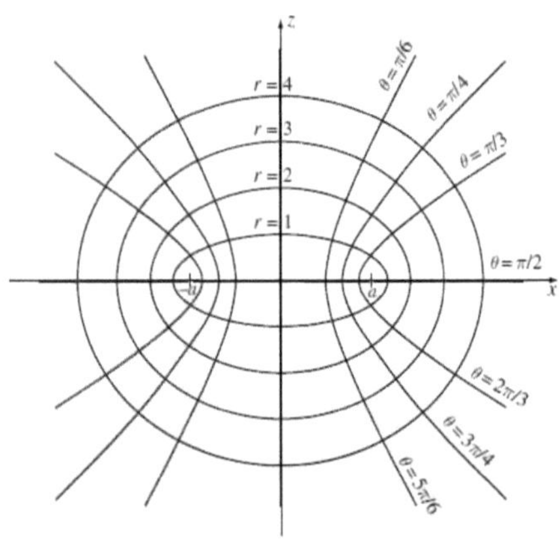

Abbildung 5: Boyer - Lindquist - Koordinaten in der x-y-Ebene des euklidischen Raumes, [HEL06, S. 320, bearbeitet]

Die Koordinate ϕ der BLK ist mit der Koordinate ϕ der Schwarzschild - Koordinaten identisch. Deshalb kann man sich die zweidimensionalen Hyperflächen des räumlichen Anteils der BLQ vorstellen, indem Abb.5 um die z-Achse rotiert wird. Weiterhin unterscheiden sich r und θ von den Schwarzschildkoordinaten. [HEL06]
Den Grund hierfür kann man wieder an der Transformation (5.14) erkennen: Die Transformation von ϕ überführt ϕ in sich selbst. Weiterhin sind die anderen Transformationen von ϕ unabhängig. Die Transformation von r und ν hängt hingegen von r, ν und θ ab. Beachtet man noch, dass nach Definition $\nu := t + r$ gilt, so erscheinen die obigen Annahmen plausibel.

6.4 Frame - Dragging

Betrachtet man einen Beobachter der Masse m, welcher aus dem Unendlichen radial auf ein Kerr - Loch zuläuft. In BLK werden dann aufgrund der Stationarität der Metrik $p_\phi := 0$ und p_t entlang der (zeitartigen) Geodäten erhalten. Im Gegensatz zum Schwarzschild - Loch berechnen sich dann p^ϕ und p^t zu[21]

$$\begin{aligned} p^\phi &= g^{\phi i} p_i = g^{\phi t} p_t + g^{\phi\phi} p_\phi \neq 0 \\ p^t &= g^{ti} p_i = g^{tt} p_t + g^{t\phi} p_\phi \neq 0 \end{aligned}$$

Mit Hilfe von Definition 2 lässt sich nun die von einem Beobachter im Unendlichen gemessene Winkelgeschwindigkeit Ω des Testteilchens um das Schwarze Loch berechnen:

$$\Omega := \frac{d\phi}{dt} = \frac{d\phi/d\tau}{dt/d\tau} \overset{\text{Def.2}}{=} \frac{p^\phi}{p^t} = -\frac{g_{\phi t}}{g_{\phi\phi}} \neq 0 \tag{6.7}$$

Im letzten Schritt wurde verwendet, dass $0 = p_\phi = g_{t\phi} p^t + g_{\phi\phi} p^\phi$. Setzt man nun die Werte aus (6.2) ein, so erhält man die Koordinatenwinkelgeschwindigkeit eines Kerr - Loches für einen sogenannten Zero Angular Momentum Observer (ZAMO):

$$\Omega(M, r, a, \theta) = \frac{2Mra}{\rho^2(r^2 + a^2) + 2Mra^2 sin^2\theta} \tag{6.8}$$

Man beachte, dass das Vorzeichen von Ω mit dem Vorzeichen von a übereinstimmt. Das bedeutet, dass der ZAMO immer in der Rotationsrichtung des Schwarzen Loches rotiert. Weiterhin hängt Ω positiv von a und negativ von r ab. Die Anwesenheit einer rotierenden Quelle hat also ein mit abnehmendem Radius anwachsendes „Mitziehen" der sie umgebenden Raumzeit zur Folge.[Sch09]

[21] Um Schreibarbeit zu sparen werden zunächst die metrischen Koeffizienten der Kerr - Metrik nicht ausgeschrieben

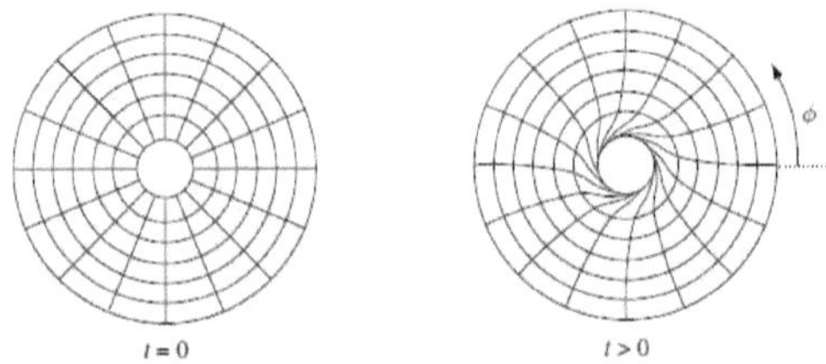

Abbildung 6: Frame - Dragging in der $\theta = const.$ - Ebene [HEL06, S.314]

6.5 Die Struktur eines Kerr-Loches

Es soll eine grafische Darstellung des eines Kerr - Loches gefunden werden[22]. Hierfür werden zunächst die relevanten Lösungen mit Hilfe der Wegelement (6.1) beziehungsweise (6.2) berechnet und anschließend in kartesische Koordinaten transformiert.

Singularität

Die Singularität der Kerr - Lösung kann wieder aus dem Kretschmann-Skalar (3.6) abglesen werden. Da dessen Berechnung jedoch sehr aufwendig ist, wird hier ein anderer Weg eingeschlagen:
Zunächst werden die Singularitäten in den Wegelementen (6.1) - (6.3) identifiziert und anschließend in BLK transformiert. Ist der Schnitt der so erhaltenen Singularitäten einelementig, so muss es sich um die Krümmungssingularität handeln. Mit diesem Verfahren wird die Singularität bestimmt zu

$$\rho^2 = 0 \quad \overset{r,a \geq 0}{\Longrightarrow} \quad r = 0 \ \wedge \ \theta = \pi/2$$

Transformiert man dies in Kerr-Schild-Koordinaten, so erhält man eine Singularität folgender Struktur: [HEL06]

$$\boxed{x^2 + y^2 = a^2 \ \wedge \ z = 0} \tag{6.9}$$

Im Gegensatz zum Schwarzschild - Loch handelt es sich hier um eine sogenannte *Ringsingularität* in der $z = 0$ - Ebene vom Radius a. Man beachte, dass der Radius der Ringsingularität mit dem Drehimpuls des Kerr-Loches wächst.

Flächen unendlicher Rotverschiebung

Nach Definition 3 berechnet sich die Fläche unendlicher Rotverschiebung aus $g_{tt} = 0$. Aus den BLK folgt dann, dass

$$g_{00} = -\frac{\rho^2 - 2Mr}{\rho^2} \overset{!}{=} 0$$

[22] Aufgrund der Stationarität genügt es lediglich den räumlichen Anteil zu betrachten

Mit der Definition von ρ erhält man durch Lösen der quadratischen Gleichung in r folgendes Ergebnis:

$$\boxed{r_{S_\pm} = M \pm \sqrt{M^2 - a^2cos^2\theta}} \tag{6.10}$$

Offenbar existieren zwei Flächen unendlicher Rotverschiebung. Sie sind unabhängig von ϕ und somit axialsymmetrisch. Weiterhin bewegt sich $r_{S_\pm}$ zwischen $2M$ für $\theta = \pi/2$ und $M \pm \sqrt{M^2 - a^2}$ für $\theta \in \{0, \pi\}$ [HEL06]

Ereignishorizonte

Nach Definition 4 wird die Hyperfläche gesucht, auf der $g^{11} = 0$. Das Wegelement (6.2) kann mit dem allgemeinen Wegelement (5.2) verglichen werden[23]. Nach (5.3) ist dann der Eintrag g^{11} gegeben durch

$$g^{11} = \frac{r^2 - 2Mr + a^2}{r^2 + a^2cos^2\theta}$$

Setzt man den Zähler gleich Null, so erhält man zwei Ereignishorizonte:

$$\boxed{r_\pm = M \pm \sqrt{M^2 - a^2}} \tag{6.11}$$

Man beachte, dass im Falle $a > M$ g^{11} niemals Null werden kann. Dies hätte zur Folge, dass kein Ereignishorizont exisitieren kann und somit die Singularität für die Außenwelt sichtbar werden würde. Dies widerspräche jedoch der sogenannten kosmischen Zensur, welche die Existenz sogenannter „nackter" Singularitäten verbietet. Der Fall $a = M$ wird ebenfalls ausgeschlossen, da dann die Singularität an den Polen sichtbar werden würde. Mit dieser Diskussion ist der Wertebereich von a auf $|a| < M$ begründet. [HEL06, D'I92]

Ergoregion

Die Ergoregion ist die Region $(r, \theta, \phi) \in \left]r_{s_+}, r_+\right[\times [0, \pi] \times [r, 2\pi[$. In der Ergoregion treten Strahlungsprozesse auf. Bevor diese untersucht werden können, werden in diesem Unterkapitel einige physikalisch relevante Eigenschaften der Ergoregion besprochen. Um Schreibarbeit zu sparen werden wieder zunächst die allgemeinen Koeffizienten g_{ij} verwendet.
Betrachte man zunächst einen Beobachter mit $r \geq r_{S_+}$. Dieser emittiere in einem räumlich konstanten Punkt Photonen in die $\pm\phi$ - Richtung. Dann bewegen sich die Photonen auf der Weltlinie

$$ds^2 = g_{tt}dt^2 + 2g_{t\phi}dtd\phi + g_{\phi\phi}d\phi^2 = 0$$

Teilt man beide Seiten durch dt^2 und löst die entstehende quadratische Gleichung in $\frac{d\phi}{dt}$, so erhält man

$$\frac{d\phi}{dt} = -\frac{g_{t\phi}}{g_{\phi\phi}} \pm \left[\left(\frac{g_{t\phi}}{g_{\phi\phi}}\right)^2 - \frac{g_{tt}}{g_{\phi\phi}}\right] \tag{6.12}$$

Im Falle $r = r_{S_+}$ ist die „+ - Lösung" gerade 0. Das entspricht gerade der Definition einer Fläche unendlicher Rotverschiebung.

[23] Beide Wegelemente sind in BLK angegeben

Ist jedoch $r = r_{S_+} - \epsilon$, so kann man schnell nachrechnen, dass $g_{tt} < 0$. In diesem Falle ist $\Omega := \frac{d\phi}{dt}$ in beiden Fällen negativ. Dies bedeutet, dass kein Photon und somit auch kein massebehaftetes Teilchen an einem Raumpunkt bleiben kann, sondern in der Rotationsrichtung des Schwarzen Loches mitrotieren muss. Hier wird der Frame - Dragging - Effekt also sehr stark bemerkbar.

Nun werde innerhalb der Ergoregion die Winkelgeschwindigkeit eines Teilchens gemessen. Diese ist offenbar durch (6.12) begrenzt. Dann folgt mit der Definition (6.7)

$$\omega \in [\omega_-, \omega_+] := \left[\Omega - \left(\Omega^2 - \frac{g_{tt}}{g_{\phi\phi}}\right)^{\frac{1}{2}}, \Omega + \left(\Omega^2 - \frac{g_{tt}}{g_{\phi\phi}}\right)^{\frac{1}{2}}\right] \tag{6.13}$$

Setzt man die Werte aus (6.2) für $\frac{g_{tt}}{g_{\phi\phi}}$ ein, so fällt auf, dass $\frac{g_{tt}}{g_{\phi\phi}} \sim \frac{1}{r^2}$ geht und somit für fallende r innerhalb der Ergoregion anwächst. Dies bedeutet, dass nach (6.13) $\omega_+ - \omega_-$ mit abnehmendem Radius abnehmen muss bis der Fall $\Omega^2 = \frac{g_{tt}}{g_{\phi\phi}}$ eintritt. Dies ist gerade am inneren Rand der Ergoregion - dem äußeren Ereignishorizont - der Fall. Auf diesem ist $\omega_+ - \omega_- = 0$; somit muss *jeder Beobachter mit* $(r, \theta) = const.$ unabhängig von seinem anfänglichem Drehimpuls mit der Winkelgeschwindigkeit $\omega_H := \omega(r_+, \theta) = \Omega(r_+, \theta)$ um das Schwarze Loch rotieren.

Dies hätte jedoch zur Folge, dass jedes den Ereignishorizont überquerende Teilchen einen positiven Drehimpuls besitzen muss und somit der Gesamtdrehimpuls des Kerr-Loches immer weiter ansteigen müsste. Dann wäre die theoretische Forderung an den Wertebereich des Parameters a jedoch hinfällig. Im Abschnitt 6.7 wird hingegen gezeigt, dass Drehimpuls durch Strahlung wieder aus dem Loch extrahiert werden kann; somit tritt kein Widerspruch auf. [Sch09, HEL06, D'I92]

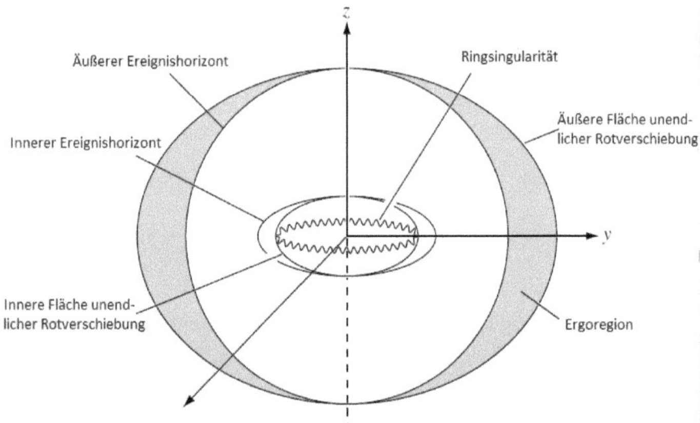

Abbildung 7: Struktur eines Kerr-Loches in kartesischen Koordinaten [HEL06, S.325, bearbeitet]

6.6 Das Raum - Zeit - Diagramm eines Kerr - Loches

Es soll wieder das Raumzeit - Diagramm in avancierten Eddington - Finkelstein - Koordinaten erstellt werden. Um die Rechnung zu vereinfachen werden BLK (6.2) verwendet. Aufgrund des Frame - Draggings kann es keine radialen Geodäten geben, sondern lediglich solche, für die gilt, dass $ds^2 = \dot{\theta} = 0$. Aus physikalischem Interesse wird $\theta = \frac{\pi}{2}$ gewählt, sodass sich das Licht in der Äquatorialebene bewegen soll. Dann vereinfacht sich (6.2) zu

$$0 = -\left(1 - \frac{2M}{r}\right) dt^2 - \frac{4Ma}{r} dt d\phi + \frac{r^2}{\Delta} dr^2 + \left(r^2 + a^2 + \frac{2Ma^2}{r}\right) d\phi^2 \tag{6.14}$$

Mithilfe von recht aufwendigen Rechnungen [HEL06, S.330f, 338ff] lassen sich die Bewegungsgleichungen in Abhängingkeit einer Konstanten k herleiten:

$$\begin{aligned} \dot{t} &= \frac{(r^2 + a^2)k}{\Delta} \\ \dot{\phi} &= \frac{ak}{\Delta} \\ \dot{r} &= \pm ck \end{aligned} \tag{6.15}$$

Offenbar charakterisiert das Pluszeichen gerade die auslaufenden Photonenweltlinien. In diesem Fall lassen sich $t(r)$ und $\phi(r)$ bestimmen:

$$\begin{aligned} \frac{dt}{dr} &= \frac{\dot{t}}{\dot{r}} = \frac{r^2 + a^2}{\Delta} \\ \frac{d\phi}{dr} &= \frac{\dot{\phi}}{\dot{r}} = \frac{a}{\Delta} \end{aligned} \tag{6.16}$$

Diese Gleichungen können analog zum Vorgehen in Anhang B integriert werden und liefern

$$\boxed{\begin{aligned} t(r) &= r + \left(M + \frac{M^2}{\sqrt{M^2 - a^2}}\right) ln|r - r_+| + \left(M - \frac{M^2}{\sqrt{M^2 - a^2}}\right) ln|r - r_-| \\ \phi(r) &= \frac{a}{2\sqrt{M^2 - a^2}} ln\left|\frac{r - r_+}{r - r_-}\right| \end{aligned}} \tag{6.17}$$

Für einlaufende Photonenweltlinien ändert sich lediglich das Vorzeichen.
Die Eddington - Finkelstein - Koordinaten werden wider so definiert, dass für ein einlaufendes Photon $t'(r) \stackrel{!}{=} r + const.$ und $\phi'(r) \stackrel{!}{=}$ gilt. Aus (6.16) ist dies gerade der Fall für folgende Transformation:

$$\begin{aligned} t(r) &\to t'(r) \qquad \text{mit} \qquad dt' = dt + \frac{2Mr}{\Delta} dr \\ \phi(r) &\to \phi'(r) \qquad \text{mit} \qquad d\phi' = d\phi + \frac{a}{\Delta} dr \end{aligned} \tag{6.18}$$

Setzt man die Transformation (6.18) in (6.16) ein, so erhält man für die obere Gleichung

$$dt' = \begin{cases} -dr & : \text{einlaufendes Photon} \\ dr + \frac{4Mr}{\Delta} dr & : \text{auslaufendes Photon} \end{cases} \tag{6.19}$$

Analog zum Anhang B lässt sich die Gleichung wieder integrieren und man erhält bis auf eine frei wählbare Integrationskonstante die gesuchten Photonenweltlinien: [HEL06]

$$t'(r) = \begin{cases} -r & \text{: einlaufendes Photon} \\ r + 2\left(M + \frac{M^2}{\sqrt{M^2-a^2}}\right) ln|r - r_+| + & \\ \quad 2\left(M - \frac{M^2}{\sqrt{M^2-a^2}}\right) ln|r - r_-| & \text{: auslaufendes Photon} \end{cases} \tag{6.20}$$

Diese Lösung lässt sich grafisch folgendermaßen darstellen:

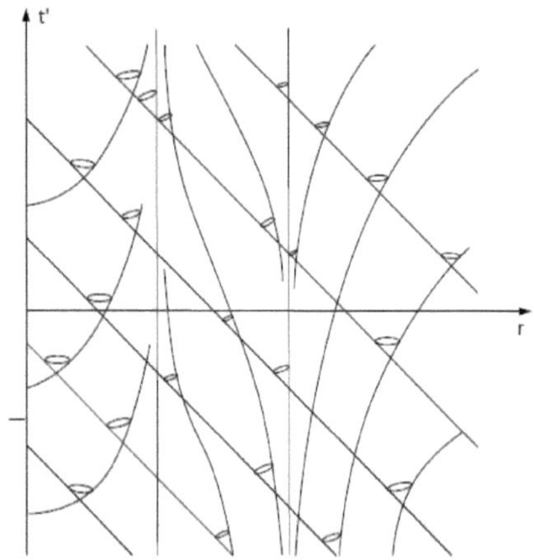

Abbildung 8: Weltlinien von ein-und auslaufenden Photonen in Eddington - Finkelstein - Koordinaten [HEL06, S. 346, bearbeitet]

Hier fallen einige Unterschiede zum entsprechenden Diagramm eines nichtrotierenden Schwarzen Loches auf, die jedoch mit Vorsicht zu genießen sind:
Im Vergleich zum Schwarzschild - Fall ist es nach dem Überqueren von r_+ für Photonen möglich sich zwischen den beiden Ereignishorizonten zu bewegen; massebehaftete Teilchen werden nach endlicher Zeit jedoch auch gezwungen r_- zu passieren.
Im Gebiet zwischen r_- und der Ringsingularität kann man anhand der Grafik eindeutig erkennen, dass es *jedem* Teilchen - unter Vernachlässigung der enormen Gezeitenkräfte - möglich ist der Ringsingularität zu entkommen. Die innere Lösung ist jedoch nicht zufriedenstellend, da sie auch geschlossene zeitartige Kurven erlaubt (Ein solches Beispiel findet sich in [O'N95, S. 76 ff]). Das bedeutet, dass ein Beobachter, der sich auf dieser Kurve bewegt, sich selbst in der Vergangenheit treffen würde [HEL06]. Dieses Ergebnis verletzt natürlich die Kausalität und kann somit nicht physikalisch sein. Es ist bis jetzt noch keine befriedigende Lösung für die Struktur der Raumzeit innerhalb von r_- gefunden. Definiert man noch die

avancierte Zeitkoordinate $\nu := t' + r$ wie in Kapitel 4 und setzt das Ergebnis in (6.2) ein, so erhält man nach aufwendiger Umformung gerade (6.1).

6.7 Strahlung eines Kerr - Loches

Erlaubte Photonenweltlinien

Betrachtet man wieder ein sich auf einer Geodäten bewegendes Photon in der Äquatorialebene mit $p^\theta = 0$. Aus der Stationarität und der Definition des Viererimpulses kann man folgende Definitionen für die Viererimpulskomponenten aufstellen:

$$\begin{aligned} p_\phi &:= L = const. \\ p_t &:= -E = const. \\ p^r &:= \frac{dr}{d\lambda} \quad \text{mit } \lambda \sim \tau \end{aligned} \tag{6.21}$$

Die Länge des Viererimpulsvektors für Photonen muss Null sein. Das impliziert

$$\begin{aligned} 0 &= g^{ab} p_a p_b \\ \overset{g^{rr}=\frac{1}{g_{rr}}}{\underset{(6.7)}{\Longleftrightarrow}} \left(\frac{dr}{d\lambda}\right)^2 &= -g^{rr} g^{tt} \left(E^2 - 2\Omega E L + \frac{g^{\phi\phi}}{g^{tt}} L^2\right) \end{aligned} \tag{6.22}$$

Die entstehende quadratische Gleichung in E führt auf folgendes Ergebnis:

$$\boxed{\left(\frac{dr}{d\lambda}\right)^2 = \alpha \left(E - V_+(r)\right)\left(E - V_-(r)\right)} \tag{6.23}$$

Die genauen Werte für α und $V_\pm$ lassen sich durch Einsetzen der kontravarianten Komponenten vom Wegelement (6.2) und (6.8) in (6.22) bestimmen zu[24]

$$\begin{aligned} \alpha &= \frac{(r^2 - a^2)^2 - a^2\Delta}{r^4} > 0 \\ V_\pm &= \frac{2Mra \pm r^2\Delta^{1/2}}{(r^2 + a^2)^2 - a^2\Delta} L \end{aligned} \tag{6.24}$$

Da die linke Seite von (6.23) immer positiv ist darf E im Falle von Photonen, die denselben Rotationssinn wie das Schwarze Loch haben,[25] nicht kleiner als V_+ sein. [Details: vgl. Hobson S.342ff]

Betrachtet man nun ein Photon, welches entgegen des Rotationssinnes des Schwarzen Loches rotiert lassen sich $V_\pm(r)$ visualisieren:

[24] Man beachte weiterhin, dass $\theta = \frac{\pi}{2}$ und benutze, dass $r^2(r^2 + a^2) + 2Mra^2 = (r^2 + a^2)^2 - a^2\Delta$

[25] In diesem Fall ist $aL > 0$

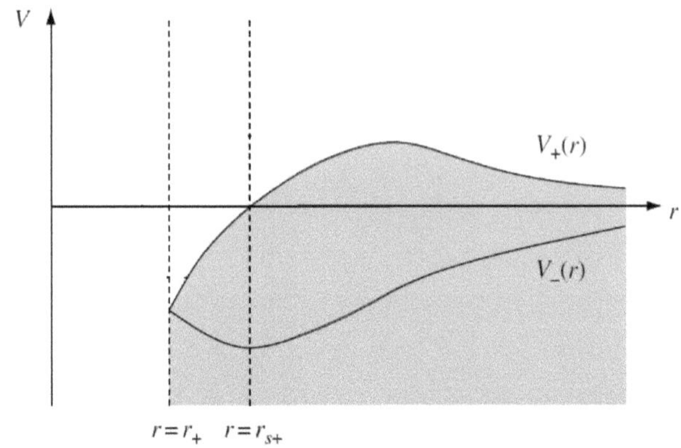

Abbildung 9: Die Funktion $V_\pm$ im Falle $aL < 0$. Die schraffierte Region bezeichnet den nicht erlaubten Energiebereich [HEL06, S.344, bearbeitet]

Es fällt auf, dass zwischen der Fläche unendlicher Rotverschiebung und dem äußeren Ereignishorizont, welche gerade die Grenzen der Ergoregion markieren, ein Photon auch eine *negative* Energie bezüglich eines Beobachters im Unendlichen besitzen darf [HEL06]. Auf dieser Tatsache bauen sowohl der Penrose - Prozess als auch der Blandford - Znajek - Mechanismus auf.

Der Penrose - Prozess

Dem Penrose - Prozess liegt die Impulserhaltung zugrunde. Ein räumlich ruhender Beobachter mit $(u_{obs}) = (1, 0, 0, 0)$ in der flachen Raumzeit schieße ein nicht stabiles Teilchen A der Energie $E^{(A)}$ in Richtung des Schwarzen Loches. Angenommen das Teilchen zerfällt in der Ergosphäre in zwei weitere Teilchen B und C, von welchen das Teilchen C die Ergosphäre verlasse und in der flachen Raumzeit absorbiert werde, so folgt aufgrund der Impulserhaltung und der Stationarität einer axialsymmetrischen Raumzeit, dass $p_t^{(X)} \quad \forall X \in \{A, B, C\}$ erhalten bleibt. Dieser Zerfall kann nun so ablaufen, dass Teilchen B ein Photon ist und somit für den entfernten Beobachter eine negative Energie besitzt. Durchquert nun Teilchen B den Ereignishorizont, so folgt aus der Energieerhaltung, dass das Teilchen C die Energie $E^{(C)} = E^{(A)} - E^{(B)} > E^{(A)}$ hat. Somit wurde dem Schwarzen Loch Energie entzogen.
In Abbildung 9 kann man sich das wie folgt vorstellen: Teilchen A läuft horizontal zur r - Achse mit $E^{(A)} > max\{\Gamma(V_+(r))\}$. Wenn Teilchen B eine negative Energie besitzt, dann bewegt es sich unter der r - Achse und kann somit *niemals* die Ergosphäre verlassen. Mit der Annahme, dass $\dot{r}^{(B)} < 0$ und $\dot{r}^{(C)} > 0$ fällt Teilchen B durch den äußeren Ereignishorizont; aufgrund der Energieerhaltung und der radialen Bewegungsrichtung kann dann Teilchen C wieder zu dem Beobachter zurückgelangen. [HEL06, Sch09]

Der Blandford - Znajek - Mechanismus

Abschließend soll noch ein alternatives theoretisches Modell zur Energieextraktion eines Kerr-Loches skizziert werden, welches deutlich mehr astrophysikalische Relevanz hat als der stark idealisierte Penrose - Prozess.
Ausgangslage ist wieder ein Kerr - Loch. Dieses befinde sich nun aber nicht im Vakuum, sondern sei von einer Akkretionsscheibe, deren Massendichte in der Nähe des Schwarzen Loches stetig wächst, umgeben. Somit existiert in der Umgebung des inneren Randes der Akkretionsscheibe eins starkes Magnetfeld. Je näher sich die Akkretionsscheibe der äußeren Fläche unendlicher Rotverschiebung nähert, desto stärker wird der Frame - Dragging - Effekt. Dieser wirkt auch auf die Magnetfeldlinien der Akkretionsscheibe und zieht diese in Rotationsrichtung des Schwarzen Loches, wodurch die Feldstärke drastisch erhöht wird. Übersteigt die Feldstärke einen kritischen Wert wird es möglich, dass die unterschiedlich geladenen Teilchen aus der spontanen Paarbildung ein sogenanntes leptonisches Paarplasma bilden können, welches sich auch in die Ergoregion erstreckt. Die Teilchen folgen dann den Magnetfeldlinien, durch welche sie aus der Umgebung des Schwarzen Loches transportiert werden können. Somit kann dem Schwarzen Loch auf rein elektromagnetischem Wege Roationsenergie entzogen werden. Dieser Prozess ist auch Gegenstand aktueller Forschung im Zuge der Jetentstehung in AGNs. [Mü07]

7 Zusammenfassung

Es wurde gezeigt, dass ein Minimum an mathematischer Vorkenntnis ausreicht, um die elementaren Eigenschaften Schwarzer Löcher zu bestimmen.
Als eine erste Anwendung wurde die Schwarzschildmetrik hergeleitet. Hierbei ermöglichte die sphärische Symmetrie, welche die Lösungsmenge der Einstein'schen Vakuumfeldgleichungen sehr stark einschränkt, einen konzeptuell einfachen und auch technisch überschaubaren erfolgreichen Lösungsweg, welcher die Schwarzschildmetrik als Lösung hatte.
Im Anschluss wurde auf die Interpretation verschiedener Koordinaten eingegangen. So wurde durch Berechnung der Photonenweltlinien gezeigt, dass die ursprünglichen Schwarzschildkoordinaten sich lediglich für einen Beobachter im Unendlichen eignen und im Gebiet innerhalb des Ereignishorizontes versagen. Um Koordinaten zu erhalten, die für alle Radien eine sinnvolle Lösung ergeben, wurden die (avancierten) Eddington - Finkelstein - Koordinaten hergeleitet und als passende Koordinaten für einen in das Schwarze Loch einfallenden Beobachter identifiziert.
Es wurde versucht das Wegelement für ein rotierendes Schwarzes Loch zu finden. Hierfür wurde zunächst das allgemeine Wegelement für ein stationäres axialsymmetrisches Gravitationsfeld abgeleitet. Aufbauend auf diesem Ergebnis wurde versucht das konzeptuell einfache Lösungsverfahren von Schwarzschildfall auf das Kerr - Loch zu übertragen. Als Folge der geringeren Symmetrie wurden die Rechnungen jedoch technisch ziemlich aufwendig und das letztendlich entstehende Gleichungssystem für die Komponenten des Ricci - Tensors schien unlösbar.
Um dennoch eine Herleitung der Kerr - Metrik präsentieren zu können, wurde aufgrund der technischen Einfachheit der Newman - Janis - Algorithmus vorgestellt. Hierfür ist zunächst der Begriff der (Null-)Tetrade anwendungsorientiert eingeführt worden. Im Anschluss wurde das Vorgehen von Newman und Janis expliziert vorgeführt und somit das Wegelement der Kerr - Metrik in avancierten Eddington - Finkelstein - Koordinaten gewonnen. Es folgte eine knappe Diskussion über die Willkürlichkeit im Newman - Janis - Trick und eine Auflistung von alternativen Vorgehen zum strengen Herleiten der Kerr - Metrik.
Im letzten Teil wurde das Wegelement der Kerr - Metrik untersucht. Es ergab sich, dass die Struktur eines rotierenden Schwarzen Loches deutlich komplexer als die eines Schwarzschild - Loches ist. So besitzt die Singularität die Form eines Ringes. Diese wird von zwei Ereignishorizonten und zwei Flächen unendlicher Rotverschiebung umhüllt und darf für einen Beobachter außerhalb des Loches nicht sichtbar sein.
Auch für den Kerr - Fall wurde das Raumzeit - Diagramm in Eddington - Finkelstein - Koordinaten für den Bereich außerhalb der Ringsingularität gezeichnet. Es fiel auf, dass im Unterschied zum Schwarzschild - Fall ein Teilchen innerhalb des inneren Ereignishorizontes der Singularität entkommen kann. Zum Schluss wurden zwei Strahlungsprozesse knapp vorgestellt. Hierfür ist gezeigt worden, dass ein Teilchen innerhalb der Ergoregion negative Energien bezüglich eines Beobachters im Unendlichen besitzen darf. Daraufhin aufbauend wurden der idealisierte Penrose - Prozess und der astrophysikalisch relevantere Blandford - Znajek - Mechanismus skizziert und aus ihnen geschlossen, dass der Rotationsparameter a eines rotierenden Schwarzen Loches nach oben beschränkt sein muss.

Danksagung

Zuerst gilt mein besonderer Dank Herrn Prof. Dr. Harald Lesch für die Vergabe dieses sehr interessanten Themas, die Bereitstellung vieler hilfreicher Quellen und die Unterstützng bei allen offenen Fragen.

Weiterhin möchte ich mich bei meinen Eltern bedanken, die immer Interesse an meiner Arbeit gezeigt haben und mir auch immer den notwendigen Rückhalt gegeben haben.

Außerdem gilt mein Dank meinem Onkel Jürgen Ertl für die ausführlichen und inspirierenden Gespräche rund um das Thema Physik.

Natürlich danke ich auch meinen Freunden und Kommilitonen für viele anregende Diskussionen und die schöne Zeit während des Studiums.

8 Anhang

A Verschwindende Komponenten des Ricci - Tensors

Satz
Im Falle einer stationären axialsymmetrischen Raumzeit gilt für die Komponenten des Ricci - Tensors:

$$R_{tr} = R_{t\theta} = R_{r\phi} = R_{\theta\phi} = 0$$

Beweis

- In Abschnitt 5.1 wurde gezeigt, dass für den metrischen Tensor einer stationären axialsymmetrischen Raumzeit gilt:

$$g_{tr} = g_{t\theta} = g_{r\theta} = g_{r\phi} = g_{\theta\phi} = g^{tr} = g^{t\theta} = g^{r\theta} = g^{r\phi} = g^{\theta\phi} = 0 \tag{8.1}$$

- Um Schreibarbeit zu sparen werde folgende Definition verwendet:
  Schreibe für $\{t, r, \theta, \phi\} \ni a =: \begin{cases} O & : a \in \{r, \theta\} \\ X & : a \in \{t, \phi\} \end{cases}$

- Zunächst wird gezeigt, dass alle Christoffelsymbole mit einer ungeraden Anzahl von X in den Indices verschwinden:

$$\Gamma^X{}_{OO} = \Gamma^O{}_{XO} = \Gamma^O{}_{OX} = \Gamma^X{}_{XX} = 0 \tag{8.2}$$

  Als Beispiel wird gezeigt, dass $\Gamma^X{}_{OO} = 0$:
  Nach (2.9) gilt: $\Gamma^X{}_{OO} = \frac{1}{2}g^{iX}\left(g_{iO,O} + g_{Oi,O} - g_{OO,i}\right)$. Dann muss $i = X$, da nach (8.1) $g^{OX} = 0$. Damit verschwinden automatisch die ersten beiden Summanden in der Klammer. Der dritte verschwindet ebenfalls, da in Kapitel 5.1 gezeigt wurde, dass $g_{ab} = g_{ab}(O)$.
  Die übrigen drei Identitäten lassen sich analog begründen. Explizit lässt sich das Ergebnis an (5.4) überprüfen.

- Es soll nun gezeigt werden, dass jeder Summand des Ricci - Tensors R_{XO} und somit dieser selbst verschwindet. Der Ricci - Tensor berechnet sich nach (2.11) wie folgt:

$$R_{XO} = R^a{}_{XaO} = \Gamma^a{}_{Xa,O} - \Gamma^a{}_{XO,a} + \Gamma^a{}_{ea}\Gamma^e{}_{XO} - \Gamma^a{}_{eO}\Gamma^e{}_{Xa} \tag{8.3}$$

  1. Der erste Summand verschwindet nach (8.2) $\forall a \in \{X, O\}$.
  2. Ist im zweiten Summand $a \in O$, verschwindet er wieder nach (8.2)
     Er verschwindet auch im Falle $a \in X$, da $g_{ab} = g_{ab}(O)$.
  3. Das zweite Christoffelsymbol des dritten Summanden verschwindet nur dann nicht, wenn $e \in X$. Dann verschwindet aber das erste nach (8.2).
  4. Gilt $a, e \in X$ oder $a, e \in O$, so verschwindet das zweite Christoffelsymbol im vierten Summanden nach (8.2), also muss gelten $(a \in X \wedge e \in O) \vee (a \in O \wedge e \in X)$. Dann verschwindet jedoch das erste Christoffelsymbol.

- Durch explizites Aufschreiben aller möglichen Kombinationen von $R_{XO} = 0$ folgt die Behauptung. ■

B Beweis von (6.17)

Das Vorgehen für beide Gleichungen ist analog. Deshalb wird hier lediglich das Integral für t(r) ausgeführt. Zu lösen ist folgendes Integral:

$$t(r) = \int \frac{r^2 + a^2}{r^2 - 2Mr + a^2} dr \tag{8.4}$$

Im ersten Schritt wird das Integral umgeformt, sodass eine Lösung durch Partialbruchzerlegung möglich wird:

$$t(r) = \int 1 + \frac{2Mr}{r^2 - 2Mr + a^2} dr \tag{8.5}$$

Der Nenner wurde schon bei der Bestimmung der Ereignishorizonte ausfaktorisiert. Die Partialbruchzerlegung fordert dann folgende Identität:

$$\int \frac{2Mr}{(r - r_+)(r - r_-)} dr \stackrel{!}{=} \int \frac{A}{r - r_+} + \frac{B}{r - r_-} dr \tag{8.6}$$

Das entstehende Gleichungssystem für A und B hat die Lösung

$$A = \frac{2Mr_+}{r_+ - r_-}$$
$$B = \frac{2Mr_-}{r_- \quad r_+}$$

Setzt man obiges Ergebnis in (8.6) ein so ergibt sich für (8.5) sukzessive

$$\begin{aligned} t(r) &= r + \int \frac{2Mr_+}{(r_+ - r_-)(r - r_+)} + \frac{2Mr_-}{(r_- - r_+)(r - r_-)} dr \\ &= r + \frac{2Mr_+}{r_+ - r_-} ln|r - r_+| + \frac{2Mr_-}{r_- - r_+} ln|r - r_-| \end{aligned} \tag{8.7}$$

Setzt man nun (6.11) für $r_\pm$ ein und formt kurz um erhält man schlussendlich

$$t(r) = r + \left(M + \frac{M^2}{\sqrt{m^2 - a^2}}\right) ln|r - r_+| + \left(M - \frac{M^2}{\sqrt{m^2 - a^2}}\right) ln|r - r_-| \tag{8.8}$$

Das ist gerade (6.17) ■

Abbildungsverzeichnis

Literatur

[Bla14] BLAU, M.: *Lecture Notes on General Relativity.* http://www.blau.itp.unibe.ch/newlecturesGR.pdf. Version: Februar 2014

[Cha83] CHANDRASEKHAR, S. ; R.ELLIOTT, D.H. W. J.A. Krumhansl K. J.A. Krumhansl (Hrsg.): *The Mathematical Theory of Black Holes.* Oxford University Press Inc., 1983

[CM09] C. MONTGOMERY, W. OrchistonI. W.: Michell, Laplace and the origing of Black Hole Concept. In: *Journal of Astronomical History and Heritage* 12 (2009), Nr. 2, S. 90–96

[DH13] D. HANSEN, N. Y.: Applicability of the Newman-Janis algorithm to black hole solutions of modified gravity theories. In: *Physical Review D: Particles and Fields* 88 (2013), November, Nr. 10. http://dx.doi.org/10.1103/PhysRevD.88.104020. – DOI 10.1103/PhysRevD.88.104020

[D'I92] D'INVERNO, Ray: *Introducing Einstein's Relativity.* 2nd Edition. Clarendon Press, 1992

[EN65] E.T. NEWMAN, A.I. J.: Note on the Kerr SpinningParticle Metric. In: *Journal of Mathematical Physics* 6 (1965), Juni, Nr. 6, S. 915–917

[HEL06] HOBSON, M P. ; EFSTATHIOU, G P. ; LASENBY, A N.: *General Relativity: An Introduction for Physicists.* Cambridge : Cambridge Univ. Press, 2006

[JL18] J. LENSE, H.Thirring: ber den Einfluss der Eigenrotation der Zentralkrper auf die Bewegung der Planeten und Monde nach der Einsteinschen Gravitationstheorie. In: *Physikalische Zeitschrift* 19 (1918), S. 156–163

[Kro10] KRORI, K.D.: *Fundamentals of Special and General Relativity.* PHI Learnig Private Limited, 2010

[Mü07] MÜLLER, A.: *Lexikon der Astrophysik.* http://www.wissenschaft-online.de/astrowissen/downloads/Lexikon/Lexikon_AMueller2007.pdf. Version: April 2007

[OB14] O. BRAUER, M. S. H. A. Camargo C. H. A. Camargo: *Newman-Janis Algorithm Revisited.* http://arxiv.org/pdf/1404.1949v1.pdf. Version: April 2014

[O'N95] O'NEILL, Barret: *The Geometry of Kerr - Black - Holes.* A K Peters, Ltd., 1995

[RA75] R. ADLER, M. S. M. Bazin B. M. Bazin: *Introduction to General Relativity:.* 2. McGraw-Hill.Inc., 1975

[Sch09] SCHUTZ, Bernard: *A First Course in General Relativity.* 2nd Edition. Cambridge University Press, 2009

[SD00] S.P. Drake, P.Szekeres: Uniqueness of the NewmanJanis Algorithm in Generating the KerrNewman Metric. In: *General Relativity and Gravitation* 32 (2000), Nr. 3, S. 445–457

[SH87] S. Hawking, W. I. (Hrsg.): *300 Years of Gravitation.* Cambridge Univ. Press, 1987